SATELLITE INTERNET

HARD TECHNOLOGY TO POWER NEW INFRASTRUCTURE

卫星互联网

助力新基建的硬科技

刘豪 俞盈帆 张曼倩 杨璐茜 余燕燕 ○ 著

U0300048

人 民 邮 电 出 版 社

北 京

图书在版编目（CIP）数据

卫星互联网：助力新基建的硬科技 / 刘豪等著. --
北京：人民邮电出版社，2021.9（2022.7重印）
ISBN 978-7-115-56751-2

Ⅰ. ①卫… Ⅱ. ①刘… Ⅲ. ①卫星－互联网络－研究
Ⅳ. ①TN927

中国版本图书馆CIP数据核字（2021）第126867号

内 容 提 要

　　本书主要介绍了卫星互联网的概念、卫星互联网的价值、国内外卫星互联网的主要计划、卫星互联网的关键技术、卫星互联网的主要应用、卫星互联网与未来空间基础设施的融合、卫星互联网的展望 7 个方面的内容。通过对上述内容的论述，本书尽可能完整地展示了卫星互联网技术和产业的总体面貌。

　　本书的主要读者为对信息技术有较大兴趣的各行业读者，尤其适合关注航天技术和新一代信息网络发展和应用的学生、跨行业研究人员、政府工作人员、投资界人士、科技和产业媒体从业人员阅读参考。此外，本书也可作为大学本科有关课程的教学辅助读物。

◆ 著　　　　　刘　豪　俞盈帆　张曼倩　杨璐茜　余燕燕
　　责任编辑　李　强
　　责任印制　陈　犇

◆ 人民邮电出版社出版发行　　北京市丰台区成寿寺路 11 号
　　邮编　100164　电子邮件　315@ptpress.com.cn
　　网址　https://www.ptpress.com.cn
　　北京天宇星印刷厂印刷

◆ 开本：700×1000　1/16
　　印张：14　　　　　　　　　　　2021 年 9 月第 1 版
　　字数：158 千字　　　　　　　　2022 年 7 月北京第 3 次印刷

定价：79.80 元
读者服务热线：(010)81055493　印装质量热线：(010)81055316
反盗版热线：(010)81055315
广告经营许可证：京东市监广登字 20170147 号

当今通信世界，正在建设 5G 地面通信网络，以天地一体化为特点的 6G 网络研究也已经启动。但在人类非居住区，如海洋、山区、沙漠和边远地区，限于经济等因素，地面信息网络的覆盖很难延伸。在我国，尽管国家付出了巨大的努力，地面移动通信网络的覆盖率仍小于国土面积的 40%。

用卫星通信网的高覆盖能力，解决全球通信问题将具有十分广阔的应用场景。人们可以用卫星把地面互联网拓展到海上、空中、太空，并将信息传送至深空；可以用通信星座组网的方式实现全球无缝覆盖的互联网接入；还可以通过快速提升卫星容量，支持宽带互联网接入，为天基宽带互联网星座的建设和应用提供最根本的驱动力。

未来的网络，不仅仅是人与人之间的连接，更是物与物的连接。当今的信息网络，其技术特征已经从基于人的连接转向基于包括人、机、物所有事物的连接；技术中心从以信息传输为中心向以信息服务为中心转移，同时从信息化向智能化拓展；技术价值正在向更多用户服务拓展至环境监测、森林防火、海洋监测、洪涝预警，无人机、导弹、舰船、车辆的协同控制等方面及典型的物联网应用场景。卫星通信的应用，为实现全球化的物联网覆盖提供了可能。

未来的 6G 时代，移动通信网将融合卫星通信，成为覆盖空、天、地、海的泛在网络。天基信息网络与地面 5G、6G 不是谁替代谁的关系，而是优势互补、深度融合。

到目前为止，国际上已经有多个天基信息网络进入了工程建设阶段，包括星链、一网星座、柯伊伯项目，当然，中国有关单位也已经提出了一些覆盖全球的天基信息网络计划。天基互联网已经作为信息基础设施的一部分，被纳入国家新型基础设施建设的总体纲要，中国一定会建设完全自主可控的高性能宽带卫星互联网星座，促进通信网络的全球化。

在这样的背景下，面向社会公众和跨行业人士普及天基互联网的有关知识，以关心和支持天基互联网的发展，积极参与天基互联网的应用，十分必要。希望《卫星互联网 助力新基建的硬科技》这本书能够为相关天基互联网产业的科学普及起到推动作用，并且成为一系列航天应用知识传播活动的新起点。

中国工程院院士

互联网的鼻祖是 1969 年美国国防部高级研究计划局（DARPA）建立的、最初用于军事连接的阿帕网（ARPANET）。随着应用的不断扩展，网络用户逐渐从军方扩展到高校及更多机构，互联网也逐渐从局域互联扩展到广域互联、国际互联。经过半个多世纪的发展，互联网已经走进了寻常百姓家，成为人民群众日常生活不可或缺的一部分。

传统的地面通信网络在海洋、沙漠及山区等偏远地区环境下铺设难度大且运营成本高，数十年来让全球互联始终存在"最后一公里"之痛。随着航天技术的发展，把基站搬上太空的呼声越来越高，用卫星解决全球互联之痛，成为不二选择。卫星互联网设施受地理条件和自然灾害的影响小，具有全球覆盖、成本低、不受地域限制等显著优势，可以与地面通信网络实现互补。

20 世纪 90 年代，国外涌现出了一些提供通信和网络服务的卫星星座。美国铱星、全球星、轨道通信等多家公司都曾试图建立一个天基网络，销售独立的卫星电话或上网终端。由于当时的技术、产业生态等条件不够成熟，大多数星座计划步履维艰、无以为继。近几年来，随着 5G、大数据、云计算、移动互联网的不断发展，新的互联网应用场景层出不穷，产业需求呈井喷之势，国内外再次掀起了打造低轨星座系统、构建卫星互联网的热潮，积极抢占全球无缝接入新资源。

当前，我国进入了新时代。随着国家综合实力的不断提升，我国对全球实时无缝信息保障的需求大大增长。2020 年 4 月，国家发改委首次明确"新基建"的概念范围，将卫星互联网纳入新基建范畴。新型基础设施主要包括信息基础设施、融合基础设施和创新基础设施三大类，而信息基础设施包括 5G、物联网、卫星互联网等。

卫星互联网产业属于高技术、高投入、高产出的战略新兴产业，涉及卫星制造、卫星发射、地面设备及运营等多个环节。未来的全球无缝互联，对通信容量和覆盖能力的需求越来越高，因此卫星互联网未来发展的潜力巨大，很可能成为拉动国内乃至全球经济增长的新引擎。

本书介绍了卫星互联网的概念、技术与应用。第一章介绍了卫星通信与互联网之间的历史渊源，特别是两个领域之间彼此促进、共同发展的过程，并且阐述

了一些与卫星互联网相关的基本概念。

第二章介绍了未来信息化社会和下一代互联网场景下，卫星对于互联网是一种不可或缺的实现形式和具体手段，强调了卫星通信对物联网、5G 乃至 6G 的必要性。

第三章介绍了国内外主要卫星互联网计划，其中有些已经建设完成并投入使用，有些正处在工程建设阶段，有些正在论证，有些已经停止建设，但其技术方案仍有参考价值。

第四章介绍了卫星互联网建设所需的关键技术，其中大部分涉及低轨道星座的制造、发射、运行管理和维护，以及不同轨道卫星系统的融合与协同。

第五章介绍了卫星互联网的主要潜在应用领域，同时也介绍了有关行业通过利用卫星互联网，能够为行业和用户带来的重要经济社会价值。

第六章介绍了卫星互联网与其他卫星系统、航天系统融合应用的可能性与前景。这些系统的融合，将为人类构建一个强大的天基基础设施，提供包括信息在内的各种服务。

第七章对卫星互联网的未来进行了展望，讨论了卫星互联网的角色演变、面临的挑战、应用前景和产业发展策略。由于时间仓促及作者水平有限，本书不足与纰漏之处在所难免，恳请广大读者批评指正。

目录
Contents

第一章

卫星互联网的
概念

　　卫星互联网是指基于卫星通信的互联网，通过一定数量的卫星形成规模组网，其业务覆盖全球。卫星互联网将构建具备实时信息传输的星座系统，向用户终端提供以宽带互联网接入为主的通信服务。为了让读者更好地理解卫星互联网的概念，本章简要介绍了互联网起源与发展、卫星通信的发展历程、卫星通信与互联网、卫星互联网——互联网的"最后一公里"以及地面5G移动通信网与卫星互联网。

1. 互联网的起源与发展

　　1969 年，美国国防部高级研究计划局为了防止通信系统在核战争中被彻底摧毁，建立了阿帕网（ARPANET），该网络主要用于军用计算机互连。1974 年，美国科学家文顿·G. 瑟夫（Vinton G.Cerf）和罗伯特·E. 卡恩（Robert E.Kahn）共同开发了一个互联网标准通信协议——"传输控制协议和网间协议"（TCP/IP），将与美国国防部合作的研究机构的 4 台计算机连接起来，使得它们可以进行数据传输，这被认为是互联网的雏形。此后，互联网进一步发展，成为对人类社会影响最为深刻的现代信息技术。互联网的起源与发展历程如图 1-1 所示。

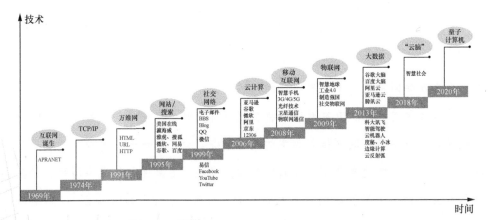

图1-1　互联网的起源与发展历程

1989年，欧洲核子研究中心（CERN）的蒂姆·伯纳斯－李（Tim Berners-Lee）发明了万维网（WWW），开发了超文本标记语言（HTML）、统一资源定位器（URL）和超文本传输协议（HTTP），统一了互联网内容的显示格式，并通过超链接的方式为用户提供了一个可以浏览的图形化界面，使用户可以查阅互联网上的信息资源。1991年5月WWW在Internet上首次露面，立即引起轰动，获得了极大的成功。万维网通过一种易于使用和灵活的格式，使信息在互联网上传播。

20世纪90年代，诞生了两家知名互联网公司——美国在线（American Online，AOL）和中国瀛海威时空，它们的主营业务是为用户提供电话线拨号上网服务。1995年3月，雅虎（Yahoo!）成立，推出了搜索功能、门户网站功能和邮箱功能等。1995年8月，微软推出MSN（Microsoft Network，微软网络）在线服务。1998年，Google创立，主推搜索业务。与此同时，国内出现了网易、搜狐、新浪、百度等知名互联网公司。从门户网站到搜索业务，互联网开始更注重用户的交互作用，用户既是浏览者，也是内容的创作者。互联网开始逐步深入人们的日常生活。

社交网络源于网络社交，网络社交的起点是电子邮件。电子邮件可以传输文字、图像、声音等，同时，用户可以得到大量免费的新闻、专题邮件，并轻松实现信息搜索。电子邮件的出现极大地方便了人与人之间的沟通与交流，并部分取代了传真与电话的作用。

网络论坛（BBS）把网络社交推进了一步，从点对点交流推进到了点对面交流。BBS是一种电子信息服务系统。它向用户提供了一块公共电子

白板，每个用户都可以在上面发布信息或提出看法。早期的 BBS 由教育机构或研究机构管理，现在大多数网站都建立了自己的 BBS 系统，供网民通过网络来结交更多的朋友，表达更多的想法。BBS 把"群发"和"转发"常态化，理论上实现了向所有人发布信息和讨论话题的功能。

随着网络社交的演进，即时通信（IM）和博客（Blog）出现了。1999 年，腾讯公司开发了基于互联网的即时通信网络工具——腾讯 QQ。2007 年，中国移动推出了飞信，融合了语音（IVR）、通用无线分组业务（GPRS）、短信等多种通信方式，实现互联网、移动互联网和移动网间的无缝通信服务。2011 年，腾讯公司又推出了一个为智能终端提供即时通信服务的应用程序——微信（WeChat）。2013 年，中国电信与网易成立合资公司并发布了新一代移动即时通信社交产品"易信"。2020 年，微信和 Wechat 合并月活跃用户数达 12.06 亿。2004 年，马克·扎克伯格（Mark Zuckerberg）创办了美国社交网站 Facebook，2020 年，其月活跃用户数达 29.9 亿。2005 年，YouTube 成立，2006 年，Google 以 16.5 亿美元收购了 YouTube。2006 年，Twitter 成立，由于内容限制在 140 字以内，Twitter 迅速成为便利的交流工具和强大的自媒体平台。

2006 年，亚马逊（Amazon）推出弹性计算云服务（Elastic Compute Cloud，EC2），它是一种 Web 服务接口，专为开发人员设计，可在 AWS（Amazon Web Service，亚马逊云服务）云中提供可调整大小的计算容量。2006 年 8 月 9 日，Google 首席执行官埃里克·施密特（Eric Schmidt）在搜索引擎大会（SES San Jose 2006）首次提出"云计算"（Cloud

Computing）的概念。2008 年，微软发布其公共云计算平台（Windows Azure Platform），由此拉开了微软的云计算大幕。如今，云计算逐渐成为一个包含基础设施、运算平台乃至整套管理、软件解决方案的庞大体系。云计算的爆发被称为互联网的第三次革命，也被认为是支撑物联网发展的基石。阿里云、亚马逊云、京东云等云计算系统极大地促进了电子商务的发展。2015 年，阿里云正式与 12306 展开合作，12306 将系统中访问量最多的查询业务搬上了阿里云，实现了 100%"云查询"，加快了交易速度。

2008 年，以 3G 蜂窝技术为代表的通信技术快速发展，此后，光纤技术、卫星通信、4G、5G，以及物联网通信技术 —— 远距离无线电（LoRa）、窄带物联网（NB-IoT）不断涌现。移动互联网终端技术、通信技术和应用技术发展迅猛，页面浏览、网上购物、网上支付、文件下载、在线游戏、在线视频等移动互联网业务正在改变人们的生活、交流、娱乐和消费方式，使互联网更加贴近普通人的生活。

"物联网"这一概念由国际电信联盟正式提出，并伴随 2009 年 IBM "智慧地球"在世界范围内推广而成为新的科技热点。2012 年，通用电气（GE）提出了"工业互联网"的概念；2013 年，德国政府推出"工业 4.0"战略；2015 年，中国政府发布了制造强国战略第一个十年行动纲领。此后，全球物联网设备连接数高速增长，2019 年全球物联网设备总连接数达到 120 亿，预计 2025 年全球物联网设备总连接数将达到 246 亿。由此，智能驾驶、云机器人、智能制造、3D 打印和无人机迅猛发展，互联网对世界的影响也将更为强烈和深远。此外，随着物联网应用的推进，

物联网技术与社交网络相融合，形成社交物联网（大社交网络）。

随着社交网络、物联网、工业互联网、工业 4.0 的发展，产生的数据越来越多，"大数据"时代悄然而至。2015 年，人工智能逐渐成为科技领域最热门的概念，人工智能与互联网的结合使得沉默近 20 年的人工智能技术终于迎来新的春天。人工智能与中枢神经系统结合产生谷歌大脑、百度大脑、阿里云、亚马逊云、腾讯云等云计算系统；与听觉系统结合产生科大讯飞、云知声等公司的新声音识别产品；与视觉系统结合产生格林深瞳、旷视科技、商汤科技等公司的新图像识别产品；与运动系统结合产生智能制造、智能驾驶、云机器人等新应用领域；与神经网络（大社交网络）结合产生度秘、小冰等智能虚拟助理产品；与传感器终端结合产生边缘计算，驱动各神经系统联合运转形成云反射弧。

2018 年，以互联网"云脑"为代表的脑巨系统，成为人工智能之后的又一个科技热点。一方面，自然界和人类社会的各个组成元素不断链接到大社交网络中，人与人、人与物、物与物的交互和沟通，形成互联网"云脑"的神经网络发育基础。另一方面，交通、安全、金融、商业、政务、农业、矿产等各个领域不断通过云反射弧的方式，实现从感知到中枢神经处理再到反馈的类脑智能化处理过程。2020 年后，人类群体智慧和互联网人工智能在互联网"云脑"中不断融合和互补，形成"云脑"的大脑架构，驱动其不断向前进化，智慧社会将随着"云脑"的成熟逐渐形成。

海量数据对信息实时处理提出了迫切的要求，量子计算机应运而生。量子计算机理论上具有模拟任何自然系统的能力，同时也是发展人工智能的关键。由于量子计算机在并行运算上的强大能力，它可以快速完成经典计算机无法完成的计算，因此产生的量子模拟器和专用量子计算机或将成为物理学家、化学家和工程师在材料应用和药物设计方面的重要工具。

2. 卫星通信的发展历程

1945 年，20 世纪著名的英国科幻作家阿瑟·查尔斯·克拉克（Arthur Charles Clarke）在《世界无线电》杂志发表的著名论文《地球外的中继》中提出利用通信卫星实现全球通信的科学设想，指出利用 3 颗同步轨道卫星即可实现全球通信，卫星通信的概念也因此诞生。卫星通信发展历程可分为试验、模拟卫星通信、数字卫星通信、卫星移动通信、窄带卫星星座、高通量卫星通信和宽带卫星星座等阶段。卫星通信发展历程如图 1-2 所示。

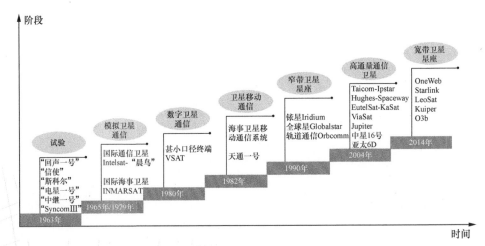

图1-2 卫星通信发展历程

2.1　试验

　　1954 年，美国海军成功实现了利用月球、无源气球卫星等进行跨大洋的中继通信，证实了通信卫星和卫星通信的实用价值。1957 年，苏联发射了第一颗人造卫星"斯普特尼克"（Sputnic），开启了人造卫星进行有源通信的历史，同时，苏联发射卫星这一标志性事件震惊了美国，史称"斯普特尼克时刻"。1958 年 12 月，美国航空航天局（NASA）将世界上第一颗试验通信卫星"斯科尔"（Score）（见图 1-3）发射到椭圆轨道上，利用星载录音磁带实现了异步电话、电报通信，正式拉开了卫星通信的序幕。1960 年 8 月，美国将世界上第一颗试验型无源通信卫星"回声 1 号"（ECHO 1）发射升空，并进行了第一次通过卫星直播的语音通信、第一次图像信息的传递、第一个横跨大陆的卫星通话等试验。1960 年 10 月，美国国防部又将"信使"（Courier）卫星发射到高度为 1 000km、倾角为 28.3° 的倾斜轨道上，并使用 2GHz 频率进行了类似"斯科尔"（Score）卫星的低轨道时延通信实验。

图1-3　世界上第一颗试验通信卫星"斯科尔"（Score）

　　1962 年 7 月，美国电话电报公司（AT&T）发射了"电星 1 号"（Telestar-1）低轨道卫星，实现了横跨大西洋两岸的电话和电视服务，奠定了商用卫星的技术基础。1962 年 12 月，AT&T 又发射了"中继 1 号"

（Relay）卫星，进入 1 270 ~ 8 300km 的椭圆轨道，在美国、欧洲、南美洲之间进行了洲际电话、电视、传真的传输实验，并对卫星的通信频率、姿态控制、遥测跟踪、通信方式等进行了实验。1963 年 11 月，美国和日本利用"中继 1 号"卫星成功地进行了横跨太平洋的有源中继通信。

1963 年 7 月和 1964 年 8 月，美国 NASA 先后发射了 3 颗"同步"卫星（Syncom Ⅰ / Ⅱ / Ⅲ），第一颗卫星未能进入预定轨道，第二颗进入了周期为 24 小时的倾斜轨道，只有"辛康 3 号"（Syncom Ⅲ）卫星（见图 1-4）进入了近似圆形的静止同步轨道，成为第一颗试验性静止同步通信卫星。Syncom Ⅲ成功地进行了电话、电视和传真的传输试验，并向美国转播了 1964 年在东京举行的奥运会实况，至此，卫星通信的试验阶段结束。

图1-4   "辛康3号"（Syncom Ⅲ）卫星

2.2   模拟卫星通信

在卫星通信技术发展的同时，承担卫星通信业务和管理的组织机构也陆续成立。1964 年 8 月 20 日，美国、日本等 11 个国家为了建立世界性

商业卫星网，在美国华盛顿成立了世界性商业卫星临时组织，并于 1965
年 11 月正式定名为国际通信卫星组织（International Telecommunication
Satellite Organization, Intelsat）。该组织在 1965 年 4 月把第一代国
际通信卫星（Intelsat-I，简称 IS-I，原名"晨鸟"）（见图 1-5）发射到
地球静止轨道，正式为北美和欧洲之间提供通信服务。这标志着模拟卫星
通信进入实用阶段。

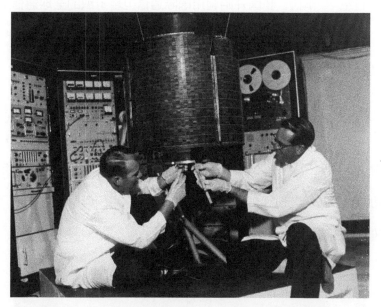

图1-5 国际通信卫星组织的第一代国际通信卫星"晨鸟"

为满足海洋通信的迫切需要，海事卫星应运而生。1979 年，几个拥有
海洋船舶的国家建立了一个国际海事卫星组织（International Maritime
Satellite Organization, INMARSAT），我国是参加该组织的最早成员
国之一。该组织经营海事卫星，在全球范围内特别是海洋、高山等常规公
用通信网络难以覆盖的地方提供通信和定位服务，并于 1994 年更名为国际
移动卫星组织（INMARSAT）。在 20 世纪 70 年代末至 80 年代初，

INMARSAT 租用美国的 Marisat、欧洲的 Marecs 和国际通信卫星组织的 Intelsat-V 卫星，构成了第一代的 INMARSAT 系统。1999 年，英国、美国、加拿大的 4 家公司组成的财团以 34 亿美元收购了 INMARSAT，将其转变为国际商业公司，全面提供海事、航空、陆地移动卫星通信和信息服务。

20 世纪 70 年代，我国开始利用国际通信卫星组织的全球通信卫星系统。1977 年 8 月，我国正式加入国际通信卫星组织，成为该组织的第 98 个成员。1984 年，我国成功发射了一颗试验通信卫星"东方红－Ⅰ型"（STW-1）。1986 年又成功发射了实用通信广播卫星"东方红－Ⅱ型"（STW-2），用于部分电视、广播及通信的传输。1988 ~ 1990 年，我国共发射了 3 颗实用通信卫星"东方红－Ⅱ甲"（见图 1-6）。1994 年，我国成功发射了实用广播通信卫星"东方红－Ⅲ"，用于电话、电报、传真、数据传输等通信业务。

图1-6 中国自行研制的第一代实用通信卫星"东方红–II甲"

2.3 数字卫星通信

20 世纪 70 年代至 80 年代中期是卫星通信发展的成熟时期。随着卫星功率的提高，集成电路、射频器件以及编码和调制等数字信号处理技术日趋成熟，"甚小口径终端"（Very Small Aperture Terminal, VSAT）应运而生，其应用开始面向小型用户。VSAT 系统由一个主站及众多分散设置在各个用户所在地的远端 VSAT 地球站组成，可不借助任何地面线路，不受地形、距离和地面通信条件限制。早期的主站通信广播速率为 2Mbit/s 以上，目前已达 70Mbit/s 以上。VSAT 系统特别适用于有较大信息量和所辖边远分支机构较多的部门使用。根据不同的应用方式，VSAT 地球站可分为固定式、可搬移式、背负式、手提式、车载式、机载式、船载式等。VSAT 卫星通信网几乎可支持所有传统通信业务，包括语音、数据、视频、广播、传真、LAN 互连、会议电话和视频会议。

2.4 卫星移动通信

国际海事卫星通信系统是世界上第一个全球性的移动业务卫星通信系统。INMARSAT 系统在发展过程中，先后推出了 INMARSAT-A、B/M、Mini-M、M4、F 和 BGAN 等不同类型的通信终端，以满足不同用户的通信需求。1982 年，INMARSAT 开始提供全球通信服务，最初主要提供 A 标准系统，支持模拟语音、传真、电传和数据业务。1991 年 INMARSAT 又推出了数字化系统——C 标准系统，主要提供电传、低速数据和增强性群呼等业务。1993 年 INMARSAT 先后推出数字化通信系统——B/M 系统。B 系统是 A

系统的数字制式，其提供的业务与 A 系统相同，目前 B 系统已经取代了 A 系统。M 系统的主要目的是为了填补标准 A（或 B）和标准 C 之间的空隙，使用小型天线提供低速语音、数据和传真等业务。为了充分利用 INMARSAT-3 卫星的点波束能力，INMARSAT 研制了新一代的 Mini-M 系统，该系统的功能和提供的业务种类与标准的 M 系统一样。由于采用了 INMARSAT 第 3 代卫星的点波束技术，地面终端的功率和体积更小，设备价格和通信费用更低。在 Mini-M 系统之后，INMARSAT 又推出了移动卫星多媒体产品——INMARSATM4、INMARSATFleet。INMARSATM4 在 Mini-M 系统的基础上增加了多媒体业务功能，可以提供速率高达 64kbit/s 的、基于 ISDN 的高速业务。INMARSATFleet 在兼容原有 B 系统的基础上增加了移动包交换数据业务，而且其终端天线体积小，设备质量轻，通信资费相对低廉。继 A、C、B、M、Mini-M、INMARSAT M4、INMARSAT Fleet 系统后，INMARSAT 基于 INMARSAT-4 卫星又推出了技术上更先进的全球宽带系统——BGAN（Broadband Global Area Network）（见图 1-7）。

图1-7　美国休斯网络系统公司的BGAN终端

天通一号卫星移动通信系统是我国自主研制建设的卫星移动通信系统。我国于2016年和2020年分别发射了天通一号01星和天通一号02星。天通一号卫星覆盖区域主要为中国及周边、中东、非洲等相关地区，以及太平洋、印度洋大部分海域；覆盖地形没有限制，海洋、山区、高原、森林、戈壁、沙漠都可实现无缝覆盖；覆盖车辆、飞机、船舶和手机等各类移动终端。天通一号卫星为个人通信、海洋运输、远洋渔业、航空救援、旅游科考等各个领域提供全天候、稳定可靠的移动通信服务，支持语音、短消息和数据业务。发生自然灾害时，天通一号卫星的应急通信能力可以发挥巨大作用，此外，天通一号卫星最主要的优势体现在终端的小型化，便于携带。

2.5　窄带卫星星座

20世纪90年代，低轨道卫星移动通信系统广受关注，世界各国研发了多个低轨道卫星移动通信系统，包括铱星（Iridium）、全球星（Globalstar）、轨道通信（Orbcomm）等。Iridium系统由66颗低轨道卫星组成，1998年11月开始商业运营，通过使用卫星手持电话机可在地球上的任何地方发出和接收电话信号。铱星星座中的每颗卫星可提供48个点波束，在地面形成48个蜂窝小区，在最小仰角8.2°的情况下，每个蜂窝小区的直径为600km，每颗卫星的覆盖区直径约为4 700km。Globalstar系统由48颗低轨道卫星组成，1999年开始商业运营，向用户提供无缝隙覆盖的、低价的卫星移动通信业务，业务包括语音、传真、数据、短信息、定位等。用户可使用双模式手持机（既可支持地面蜂窝通信模式，也可支持卫

星通信模式），实现全球个人通信。Orbcomm 系统通过 29 颗低轨道卫星组成的全球卫星移动通信网络为用户提供卫星移动通信业务。该系统从 1997 年开始商业运营，提供低速、低成本、近乎实时的双向数据传输服务。

2.6 高通量卫星通信

高通量通信卫星（High Throughput Satellite，HTS），也称高吞吐量通信卫星，是指使用相同带宽的频率资源，而数据吞吐量是传统通信卫星数倍甚至数十倍的通信卫星，其通信容量可达数百 Gbit/s 甚至 Tbit/s 量级。2005 年，泰国 Thaicom 公司发射了世界上第一颗高通量通信卫星 Ipstar。该卫星拥有 100 多个点波束，通信容量高达 45Gbit/s。2005 年 4 月和 11 月，美国休斯网络系统公司分别发射了"太空之路"（Spaceway-1 和 Spaceway-2）卫星（见图 1-8）。2007 年，该公司又发射了 Spaceway-3，采用高性能、星载数字处理、分组交换和点波束技术，为北美地区和部分拉丁美洲地区的企业、政府机构及消费者提供互联网、IP 数据、语音、视频及多媒体应用的双向高速通信业务。2010 年 12 月欧洲通信卫星公司（EutelSat）发射的"Ka 频段卫星"（Ka-Sat），2011 年 10 月美国卫讯公司（ViaSat）与美国劳拉公司联合打造的"卫讯 -1"卫星（ViaSat-1）和 2012 年发射的 3 颗"木星"（Jupiter）宽带卫星投入使用后，这些卫星通信公司专注于发展卫星宽带接入业务，通信容量达到 100Gbit/s 以上，用户的网络传输速率大于 10Mbit/s。

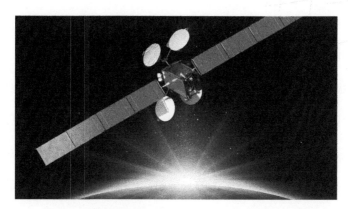

图1-8　美国休斯网络系统公司的"太空之路"卫星

2017 年 4 月，我国成功发射中星 16 号通信卫星，它是我国首颗高轨道高通量通信卫星。该卫星应用 Ka 频段多波束宽带通信系统，通信总容量可达 20Gbit/s 以上，拥有 26 个用户点波束，总体覆盖我国除西北、东北之外的大部分陆地和近海近 200 千米海域。地面无线网络信号覆盖不到或光缆宽带接入达不到的地方，都可以通过该卫星方便地接入网络。2020 年 7 月，我国成功发射亚太 6D 通信卫星。该卫星是一颗地球静止轨道高通量宽带通信卫星，采用 Ku/Ka 频段进行传输，通信总容量可达 50Gbit/s，单波束容量可达 1Gbit/s 以上，可以为用户提供高质量的语音、数据通信服务，采用 90 个用户点波束，实现可视范围下全球覆盖。

2.7　宽带卫星星座

卫星通信从最初的卫星电话、电视广播业务，扩展到数据和多媒体通信，并继续向高通量通信卫星发展。随着互联网和移动互联网的发展，卫星通信开始进入卫星互联网时代。在 5G 商用之际，随着火箭发射成本的降低、卫星制造能力的提升、集成电路技术的进步等，具有低时延和低成本优势的低轨道卫星通信系统悄然复苏，并受到全球诸多通信、航天航空等巨头企业的青睐。Ku、Ka 频段甚至 Q/V 等更高频段的宽带卫星星座计划（由大量低轨道小型通信卫星组成）呈现爆发式增长，高频高速无疑已成为低轨道通信卫星未来的主流发展方向。如一网公司的"一网"星座、太空探索技术公司（SpaceX）的"星链"（Starlink）星座、低轨道卫星公司的 LEOSat 星座、亚马逊"柯伊伯"（Kuiper）计划、加拿大电信卫星公司的 TeleSat 星座、卢森堡 SES 公司的第二代 O3b（Other 3 billion）计划等低轨宽带卫星通信系统相继推出。SpaceX 公司最终将部署 42 000 颗卫星组建通信星座。"星链"（Starlink）星座如图 1-9 所示。

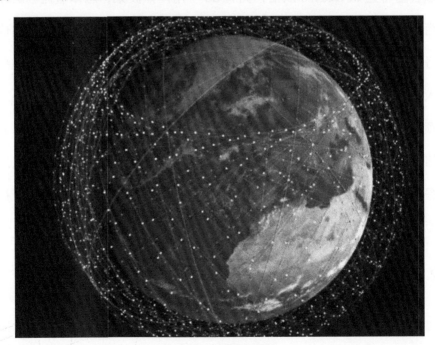

图1-9　"星链"星座

3. 卫星通信与互联网

3.1 互联网的接入方式

为了更好地理解卫星通信与互联网的关系，首先要了解互联网的不同接入方式。

（1）PSTN 接入

20 世纪 90 年代，公共交换电话网络（Public Switched Telephone Network，PSTN）是家庭用户接入互联网的普遍的窄带接入方式，即通过电话线（铜线），利用当地运营商提供的接入号码，拨号接入互联网。这种上网方式只需用户拥有一台个人电脑、一个外置或内置的调制解调器（Modem）和一根电话线，但上网速率不超过 56kbit/s。

（2）ISDN 接入

综合业务数字网（Integrated Services Digital Network，ISDN），俗称"一线通"，它采用数字传输和数字交换技术，将电话、传真、数据、图像等多种信息综合在一个统一的数字网络中进行传输和处理。用户利用一条 ISDN 用户线路可以在上网的同时拨打电话、收发传真，就像拥有两条电话线一样。ISDN 基本速率接口包括两个能独立工作的 64kbit/s 的 B

信道和一个 16kbit/s 的 D 信道，选择 ISDN 2B+D 端口一个 B 信道上网，网络传输速率可达 64kbit/s，若两个 B 信道通过软件结合在一起使用时，网络传输速率则可达到 128kbit/s。

（3）ADSL 接入

非对称数字用户环路（Asymmetric Digital Subscriber Loop，ADSL）技术是一种基于双绞线（将两条绝缘的铜线以一定的规律互相缠绕在一起）传输的技术，上行速率为 512kbit/s ~ 1Mbit/s，下行速率为 1 ~ 8Mbit/s，有效传输距离为 3 ~ 5km。ADSL 接入技术基于现有的电话线传输介质，充分扩展利用电话线的可用频带，实现了互联网传输速率的极大提高。

（4）Cable Modem 接入

电缆调制解调器（Cable Modem，CM）是一种基于有线电视网络铜线资源的接入方式。电缆调制解调器利用传输有线电视的同轴电缆将视频信息信号传送到电视机，同时也将数据传输到 PC 中。它将现有的单向模拟 CATV 网络改造为双向的混合光纤同轴电缆（Hybrid Fiber Coaxial，HFC）网络，利用频分复用技术和 Cable Modem 实现语音、数据和视频等业务的接入。Cable Modem 属于非对称式数据传输，上行速率为 2 ~ 10Mbit/s，下行速率为 10 ~ 36Mbit/s，具有专线上网的连接特点，允许用户通过有线电视网实现高速接入互联网。目前，该接入方式已逐渐退出人们的视野。

（5）局域网接入

局域网（Local Aera Network，LAN）是将一定区域内的各种计算机、外部设备和数据库连接起来形成计算机通信网，通过连接专用数据线路与其他地方的局域网或数据库，形成更大范围的信息处理系统。局域网由计算机设备、网络连接设备、网络传输介质3个部分构成，其中，计算机设备包括服务器与工作站，网络连接设备包括网卡、集线器和交换机，网络传输介质简单来说就是网线，由同轴电缆、双绞线和光缆3个部分构成。其原理是先将多个端系统连接成局域网，用双绞线或同轴电缆将端系统彼此连接，再与边缘路由器连接，边缘路由器负责为目的地不在本局域网的分组选路。

（6）光纤接入

光纤接入（Fiber Access）是指终端用户通过光纤连接到局端设备。它采用光纤作为主要的传输介质。光纤上传送的是光信号，因而需要将电信号进行电光转换变成光信号后再在光纤上进行传输。在用户端则要利用光网络单元（Optical Network Unit，ONU）再进行光电转换恢复成电信号后送至用户设备。光纤通信是利用透明的光纤传输光波，光纤接入能够向用户提供10Mbit/s、100Mbit/s、1000Mbit/s的高速带宽，可以实现视频、高速数据传输、远程交互等互联网应用。根据光纤深入用户的程度的不同，光纤接入可以分为FTTB（Fiber to The Building，光纤到楼）、FTTH（Fiber to The Home，光纤入户）、FTTO（Fiber to The Office，光纤到办公室）和FTTC（Fiber to The Curb，光纤到路边）等。

（7）卫星接入

卫星宽带接入方式，是指用户直接通过卫星来访问互联网。用户只要通过计算机卫星调制解调器、卫星天线和卫星配合便可接入互联网。互联网上的信息在数据中心进行一系列处理后，进入卫星地面站，由地面主站发往卫星。远端的用户，无论是集体用户还是个体用户，都可以通过卫星信道获取需要的信息。另外，卫星也可以将用户所需的内容推送到用户的硬盘上，这一切也可以通过卫星互联网的运营商来实现。卫星接入不受地域限制，真正实现了互联网的无缝接入。卫星还可接收卫星电视。卫星的网络传输速度比传统的调制解调器快了数十到 100 多倍，最高可达 15Mbit/s。卫星还可进行卫星广播式服务，例如大文件投递、多媒体广播、网页广播等。

（8）地面移动网络接入

无线接入是指从交换节点到用户终端之间，部分或全部采用了无线手段的接入方式。无线接入系统主要由控制器、操作维护中心、基站、固定用户单元和移动终端等组成。

蜂窝移动通信（Cellular Mobile Communication）是采用蜂窝无线组网方式，在终端和网络设备之间通过无线通道连接起来，进而实现用户在活动中可相互通信。蜂窝网络从数据的传输到交换都采用分组技术，用户端配置无线分组调制解调器，通过专门的分组基站进入分组网，可以访问分组网上的主机、数据库，也可以呼叫另一个移动数据终端。这种技术主要应用于专门的移动数据通信系统，为移动数据用户提供与分组交换数据网用户的连接。1G、2G（GSM）、2.5G（GPRS）、2.75G（EDGE）、3G（WCDMA）、3.5G（HSPA）、3.75G（HSPA+）、4G（LTE-A）、5G（IMT-2020）和未来的 6G 都致力于为移动设备提供更快的网络传输速率和更多的网络功能。

3.2 卫星通信互联网化

由上述内容可知，卫星通信是互联网接入的一种重要方式，事实上，卫星通信系统因其具有全球覆盖性、固定的广播能力、按需灵活分配带宽和支持移动性等优点，成为一种为全球用户提供网络服务的最佳候选方案。

1994 年，美国休斯网络系统公司首先开发出能与个人计算机互联的 DirecPC 接收系统。该系统将高速宽带的传输技术和卫星数据广播技术结合到一起，以不对称传输方式弥补了地面传输带宽的缺陷，同时又可以利用其下行带宽空闲时间进行数据、音频、视频信号的广播传送。该系统使得 PC 用户可利用电视直播卫星的小口径接收天线高速下载互联网上的大容量信息。

之后，世界上许多大型卫星公司纷纷推出了用于互联网和增值业务的 VSAT 网络。VSAT 网络与数字视频广播－卫星（DVB-S）、数字视频广播－卫星回传信道（DVB－RCS）等标准的结合促成卫星通信网络互联网化的关键一环。DVB 定义了卫星、有线和地面无线三大传输媒体中的信道编码和调制标准以及与其他网络的接口。全球 VSAT 网络因此有了共同的开放标准，这为卫星通信网络的 IP 化和卫星互联网的发展奠定了坚实的基础。

20 世纪 90 年代以来，互联网飞速发展并在世界范围普及，交互式多媒体业务迅速增长，电视会议和其他带宽密集型业务大量应用。为了满足这些新应用的需求，VSAT 从窄带网络逐步发展成为宽带网络，网络传输速率达到 256kbit/s ~ 3Mbit/s，并且出现了专用的宽带卫星，如泰国的"互联网协议星"（IPstar）和美国休斯网络系统公司的"太空之路"（Spaceway）卫星等。2010 年后，专注于发展卫星宽带接入业务的 Ka-Sat、ViaSat-1 和 Jupiter 卫星极大满足了新一代互联网的视频应用需求。宽带卫星数据传输作为计算机互联网的一部分，提供了文件软件下载、互联网接入、企业互联网互联、ISP（Internet Service Provider，互联网服务提供商）骨干业务、电子邮件、电子商务、金融证券等服务，并且随着需求和技术更新，宽带卫星会不断提供更多样的业务服务。

20 世纪末，互联网服务提供商为了和骨干网建立直接连接，普遍采用了通过国际卫星通信组织（Intelsat）的卫星链路连接到美国服务器的方式。据统计，在互联网高速发展阶段，全球约有 11% 的 ISP 依赖卫星信道，Intelsat 可提供 5Gbit/s 卫星网络的业务，泛美卫星（PanAmSat）能提供覆盖全球的网络语音 QoS 业务，中国公用计算机互联网（ChinaNet）覆盖了 31 个省、自治区和直辖市，其在发达城市建立的高速出口带宽可达 1Gbit/s，ChinaNet 中的大部分信息是通过国际通信卫星传输的。此外，早在 1999 年，采用卫星接入互联网的用户就已高达 300 多万。

与其他通信技术一样，卫星通信正转向满足数据通信的全面需求。一方面基于 C 频段和 Ku 频段技术的 VSAT 网络不断演进满足了互联网业务的需求，并成为全球互联网的一个重要组成部分；另一方面，由于采用了更高的 Ka 频段技术，可真正实现个人通信的宽带卫星通信系统，特别是低轨道卫星群系统正在开发、试验和建设之中，卫星通信被越来越多的电信运营商、互联网服务提供商和网络内容提供商等选作提供互联网服务的重要手段。

4. 卫星互联网——互联网的"最后一公里"

虽然地面通信网已经非常发达，但它仅覆盖地球表面的5.8%。根据ITU发布的Digital Trends in Asia&the Pacific 2021，全球互联网用户数占总人口的51.9%。到2019年年底，亚太地区的互联网用户占总人口比例为44.5%。从全球信息化建设来看，主干网得到了足够重视和大规模投入，带宽有了极大提高，可以说网络的主干已经为承载各种宽带业务做好了准备。但"最后一公里"（即从骨干网到网络用户端之间）接入由于种种情况发展相对滞后，带宽较低，已成为互联网的"瓶颈"。"最后一公里"问题正得到越来越多人的重视，人们充分认识到只有解决好"最后一公里"问题，互联网才有可能达到"高速、互动、个性化"的最终目标。

目前全球的互联网数据主要通过地下或水下光缆传输，光缆铺设成本高，覆盖范围小是限制互联网发展的主要原因，要真正实现5G的万物互联愿景，还需要借助可以真正实现全球覆盖的卫星互联网。卫星通信覆盖范围大、通信距离远的特点，使其在大区域、稀路由、无缝隙移动通信方面有其他通信方式无法比拟的优势。一方面，卫星通信可以实现用户在任何时间、任何地点高速地从互联网获取信息，并能对环境和物体进行信息监测和数据采集，满足物联网发展需求。另一方面，卫星通信是地面通信网的有益补充。将通信卫星网络与地面网络相互融合，形成天地一体化信息网络，可以实现全球通信无缝覆盖，弥补现有地面互联网网络的覆盖盲点，满足偏远、分散地区以及空中、海上用户的联网需求。

卫星互联网对于多媒体通信、信息服务和互联网本身都具有极其重要的意义。卫星互联网既是互联网的延伸和补充，又是互联网的强化系统，它的出现加快了通信多媒体化、个性化服务的进程。音视频的数字化、互联网的媒体化、卫星通信的网络化使得互联网宽带接入、数字卫星直播业务、交互式电视以及内容投送的界限变得越来越模糊。有了卫星互联网，人们通过网络看电视、听广播、读新闻、学知识、玩游戏将变得更加轻松。作为一种新的网络系统和信息服务，卫星互联网具有 VSAT、ISP 音视频广播等多种属性，它横跨了电信、互联网和广播电视三大行业，是促进三网融合的重要力量。

卫星互联网不仅将有望成为 5G 乃至 6G 时代实现全球卫星通信网络覆盖的重要解决方案，还有望成为航天、通信、互联网产业融合发展的重要趋势和战略制高点。加速卫星互联网建设对推动整个航天产业链发展、促进航天强国建设具有重大意义。

4.1　互联网应用蓬勃发展，卫星网络服务需求激增

当下，互联网接入需求巨大，抢占互联网接入入口已经成为互联网内容提供商和服务提供商的首选。地面光纤网络覆盖大幅增加，互联网网关部署需求激增，面对远程数据传输需求，低轨道卫星通信已经具备

与远程海底和地面光缆竞争的能力，其传输时延和速率都已经能达到与地面光纤网络相当的水平，低轨道卫星通信的发展正迎来巨大的发展机遇。2010 年以来，智能手机与移动互联网的普及，催生了一大批基于网络的创新应用，语音、视频等开始融入人们的日常生活，也让网络成为一个国家的重要基础设施。在这样的市场环境下，宽带用户的习惯已经培养成熟，并开始不满足于既定的网络环境。当互联网场景向飞机、游轮、汽车等特殊环境泛化时，提高数据服务的广度，扩展新的商业模式，自然就成了卫星通信的发展目标。

同时，随着互联网的高速发展，运营商的网络建设速度已经开始成为限制整个行业发展的"瓶颈"。网络覆盖率低、资费高、通信质量不稳定等问题，已经直接威胁到互联网科技公司的发展，无论是谷歌搜索还是苹果手机，或是 Facebook 社交网络，均高度依赖高速互联网服务。为了推动网络基础设施的进步，互联网科技公司开始谋求自行铺设电信网络，但在陆地上重新打造高水平的互联网，不仅投资巨大、建设周期漫长，而且许多国家不允许跨国企业铺设公众网络，因此，根本不可能建设覆盖全球的、基于传统光缆和地面基站的统一电信网。谷歌、苹果等公司必须寻找新的途径，而多年来迅速发展的卫星通信技术，就成了解决问题的最佳选择。

据统计，截至 2020 年年底，全球仍有近一半的人口未能接入互联网，无法从互联网提供的巨大经济和社会发展中获益。因此，一批提供网络服务的新兴卫星互联网企业，如以服务"另外 30 亿人"为宗旨的 O3b Networks 等公司迅速发展。"另外 30 亿人"卫星如图 1-10

所示。此外，卫星互联网提供的服务并不限于宽带，也包括能够提高
定位和授时精度的导航增强功能，以及可对航空、航海、远洋货物等
进行跟踪的物联网等。卫星互联网对于发展自动驾驶、智慧交通、物
联网等具有重要意义。

图1-10　"另外30亿人"卫星

4.2　卫星制造和发射技术不断进步，卫星部署成本大幅降低，建设多个低轨通信星座成为可能

2010 年前后，全球三大低轨通信星座都开始了升级换代。全球星
（Globalstar）启动了二代星计划，增加了基于卫星的 Wi-Fi 服务；轨道
通信公司（Orbcomm）完成了 6 颗二代星的发射，两代卫星同时在轨，
还可以提供物联网方面的服务；系统最复杂的"下一代铱星"（Iridium-
NEXT）星座，由太空探索技术公司（SpaceX）的"猎鹰9"火箭成功发
射。这一系列的升级说明，经过商业航天的十年迭代，小型通信卫星的研
制与发射费用都在大幅度降低。比如，SpaceX 就通过可重复利用的火箭

技术，将发射费用降低了 50%；一网（OneWeb）公司将卫星制造速度从每颗 12 ~ 18 个月，提升到了每天 2 颗，还与空客合作建立了卫星工厂，采用高度自动化的机器人生产线，将航空飞机的批量制造经验应用到卫星领域，将单颗卫星的生产成本降到了 50 万美元。这些都使卫星系统大规模部署成为可能。近年来，波音、空客、亚马逊、Google、Facebook、SpaceX 等高科技企业纷纷投资低轨道卫星通信领域，提出了"一网"（OneWeb）、"星链"（Starlink）等 10 余个低轨道卫星通信系统方案。

2016 年，我国"十三五"国家科技创新规划中提出，要推进天基信息网、未来互联网、移动通信网的全面融合，形成覆盖全球的天地一体化信息网络。2020 年，我国又将卫星互联网正式纳入"新基建"体系，并推出了相应的低轨通信星座计划。

卫星互联网面对互联网的蓬勃发展，针对地面网络的不足（如覆盖受限、难以支持高速移动用户应用、广播类业务占用网络资源较多、易受自然灾害影响等），利用卫星通信覆盖广、容量大、不受地域影响、具备信息广播优势等特点，作为地面通信的补充手段实现用户接入互联网，可有效解决边远地区、海上、空中等用户的互联网服务问题。卫星互联网是互联网，尤其是移动互联网的自然延伸。卫星互联网将为互联网和移动互联网展现广阔的发展空间，在普遍服务方面发挥独特作用，让人类所有成员享有上网和信息服务的基本权利。

在三大通信方式中，光纤主要用于骨干传输和固定接入；地面无线主要用于移动接入，而卫星可以用于骨干传输、固定接入、移动接入、电视广播，适用于空天地海等各种环境，在广播和电信公网以及政府、交通、能源、应急等专网中一直发挥着重要作用。几十年来，光纤、地面无线和卫星三大通信方式一直在发展，并同时向互联网方向演进。

目前，地面无线通信已经进入 5G 时代。5G 有增强移动宽带（enhanced Mobile Broadband，eMBB）、大规模机器通信（massive Machine Type Communication，mMTC）、高可靠低时延通信（ultra-reliable and Low Latency Communication，uRLLC）三类场景，有高速、泛在、低功耗、低时延四大基本特点。只有大力发展卫星通信，5G 才能真正实现万物互联和全球覆盖。由于地面移动互联网聚集了大量的用户和应用资源，互联网化的卫星通信比以前更加依赖与 5G 的融合发展。因此，以网络服务为目标的新一代卫星互联网，受到了越来越广泛的关注。

卫星互联网是指利用位于地球上空的各类卫星平台向用户终端提供宽带互联网接入服务的新型网络。卫星互联网主要包括两种，一是通过静止卫星（轨道高度为 35 786km）向地面提供信号；二是通过近地轨道（轨道高度为 500 ～ 2 000km）卫星向地面提供信号。目前卫星互联网大多是指后者，即利用地球低轨道卫星实现的低轨宽带卫星互联网。相比高轨卫星，它具有发射成本低、传输时延短、路径损耗小、数据传输率高、易于实现真正的全球无缝覆盖等特点。相比地面网络依靠基站通信，卫星互联网是基于卫星通信技术接入互联网，可简单理解为将地面基站搬到空中的卫星平台，每一颗卫星就是一个移动的基站，卫星信号像灯塔的光束那样覆盖地面。可以利用高频毫米波无线电信号，发射一系列近地轨道卫星，为全球任意一个地点提供低时延、高速宽带的网络服务。

卫星互联网系统主要由空间段、地面段和用户段 3 个部分组成。空间段主要是指卫星星座。卫星星座是指具有相似功能的卫星分布在同一轨道或者互补轨道上，按照共同约束规则运行，协作形成逻辑上统一的网络系统。各个卫星通过相关路由技术（星间、星地）实现数据传输。地面段包括运营中心、关口站、测控站（移动式与固定式）等，主要实现卫星互联网的管理与运营。运营中心是整个卫星互联网系统的大脑，实现对整个系统的管理；关口站为卫星互联网接入所在国互联网的入口，可以为所在国进行互联网监管提供切入点；测控站主要用于卫星跟踪测量，确定其轨道和位置状态等。用户段主要包括接入网及接入终端，接入网形式包括机载、船载、车载等，接入终端包括手机、计算机等。卫星互联网系统组成与通信链路如图 1-11 所示，其数据的传输过程是：数据中心 - 核心网 - 信关站 - 发射到地面站上空的通信卫星 - 星间传输 - 到达用户上空的通信卫星 - 接收终端（接收天线可装在汽车/飞机/轮船上）-Wi-Fi 信号到手机。可以看出，卫星互联网并非通过手机 Wi-Fi 直连卫星，而是需要一个接收终端，如具备此功能的汽车等。

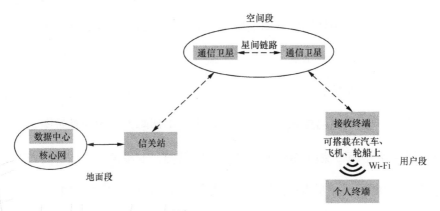

图1-11 卫星互联网系统组成与通信链路

卫星互联网示意如图 1-12 所示。在卫星转发器与地面地球站之间，信息是利用电磁波来承载的。通常使用较高的频率天线才能有效地进行电磁波的辐射，同时有利于实现更快的信息传输速率。目前低轨通信星座为了实现全球服务大多选用 Ka 频段甚至更高的 V 频段（40 ～ 75GHz）。这些频率便于协调和申请，还可避免与同步轨道卫星产生干扰，而且更高频段也有利于提供高通量服务。结合先进的可控波束天线，低轨道通信星座可以实现全球覆盖，同时可为所有覆盖区域内的用户提供高通量服务。

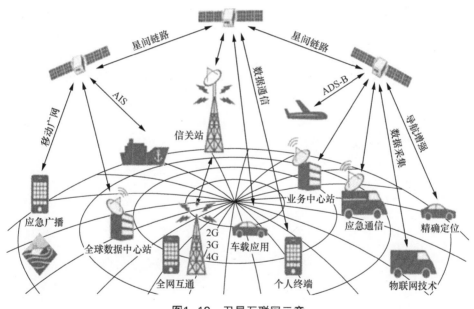

图1-12 卫星互联网示意

卫星互联网对于系统设计、技术路径选择、产业配套等都有非常高的要求，有必要在设计之初就考虑成本、产业成熟度、地面情况以及实际应用需求等综合性因素。低轨道卫星以超过每秒 7km 的高速绕地球转动，这种快速移动导致的频率变化、卫星信号的动态切换等，和地

面网络大不相同。为了防止网络中断，让用户有良好的体验，需要对许多关键核心技术进行攻关。此外，为了降低地面维护成本，上千颗在轨卫星有必要通过智能化实现在轨运行，这也需要通过技术创新来实现。

5. 地面5G移动通信网与卫星互联网

随着信息网络天地一体化程度的不断加深，近年来，国际电信联盟（ITU）、第三代合作伙伴计划（3GPP）、基于5G的卫星和地面网络（SaT5G）联盟等国际标准化组织纷纷开始研究卫星互联网与5G的融合问题。卫星通信和5G基站两者在信号覆盖上是互补的。3GPP的R16标准中已经对5G卫星接入进行了规范化，实现了卫星通信系统与地面通信系统协同工作，构成天地融合的5G通信网络，提供复杂地形地貌条件下的全域覆盖，为基于宽带接入和万物互联的各种业务提供基础设施保障。卫星互联网和5G的深度融合将推动卫星通信技术不断进步并拓展卫星通信的市场空间。未来，高通量通信卫星将继续向超高通量通信卫星和小型化方向演进。不同轨道卫星将共同发展，并且会通过中继通信相互关联，以形成立体化的天基互联网。卫星载荷将全面数字化，5G中的软件定义网络、网络功能虚拟化技术将被应用于卫星互联网之中。

第二章

卫星互联网的价值

在今天这个时代，互联网的价值已经无可置疑。但是为什么要建设卫星互联网呢？难道光纤或者4G不能满足人们的需求吗？实际上正是这样的。中国拥有世界上规模最大、覆盖完善的4G网络，光纤入户水平已经达到户数世界第一、占比世界第二（93.2%，仅次于新加坡的99.7%）。但是这并不意味着世界其他地方也有如此之高的互联网服务水平。即使在中国，截至2020年6月，仍有2%的行政村未能获得4G覆盖。按全国74 8340个行政村计算，就是将近15 000个行政村没有4G，缺口还是很显著的。

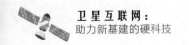

如果把目光放到全世界，缺乏网络覆盖的地区更多。人们虽然在长居的地方能够享受到网络服务，但在长途旅行或者外出旅游的过程中，经常会走出网络覆盖区，面临断网的难题。因此，卫星作为一种无缝隙覆盖全球的通信基础设施，在未来互联网世界中是不可缺少的。

1. 未来社会，无处不信息

人类已经进入了信息社会，可以越来越方便地获得自己想要的内容，包括文字、图片、声音、视频、数据等。人们所熟悉的一切都在信息化。有人认为，信息化可以分为信息的生产、应用和保障。也有专家指出，信息化是一个长期而持续的进程，人们见证了它的开始，却未必能见到它的终结。

如今几乎每个人都有好几个个人信息设备，并用手机、平板电脑和计算机交换各式各样的信息。这些终端每天为人们提供的信息，似乎已经多到看不完的程度。但是，人们的生产和生活已经充分信息化了吗？其实还差得远，人们想知道却又无法知道的事情还非常多。

举例来说，野生动物爱好者会希望知道，非洲草原和南美雨林中的动物都在做什么？旅游爱好者想要知道，自己的目的地此刻是人山人海，还是空无一人？还会有人希望自己能像雄鹰一样翱翔，像巨鲸一样深潜……在信息化推进者看来，这都是有希望实现的梦想。要想实现这些梦想，需要有一张通信网络延伸到世界每个角落，用高速的数据流把世界变得透明起来。这就是所谓的泛在网络，人们置身于无所不在的网络之中，实现在任何时间、任何地点、任何对象之间的信息交换，为人们提供泛在的、包罗万象的信息服务。

互联网已经为人们提供了泛在网络的雏形。世界上几乎所有的城市都已经实现了每个人都能接入互联网，随着网络的延伸，即使在地铁、电梯当中，人们也能享受到网络服务。随着政府、企业将工作不断向网络迁移，人们可以通过互联网享受大量不同类型的社会服务，省去了曾经的奔波与排队之苦。

网络无处不在。然而，信息化与互联网的发展真的已经尽善尽美了吗？答案是还差得远。

2. 未来的互联网与卫星通信

　　未来的互联网是什么样的呢？人们对此有很多的设想。目前，主流意见认为，下一代互联网是以 IPv6 为基础的。2017 年 11 月 26 日，中共中央办公厅、国务院办公厅印发了《推进互联网协议第六版（IPv6）规模部署行动计划》，其中要求加快推进 IPv6 规模部署，构建高速率、广普及、全覆盖、智能化的下一代互联网。

　　实际上，许多研究者很早就在讨论 IPv6 与卫星通信的关系。美国曾经在军用通信卫星体系研究中考虑如何将卫星网络纳入 IPv6 标准，虽然整个项目并没有研发成功，但是一部分科研成果沿用到了后续的型号上。

　　另外，一大批学者的研究指出，把卫星通信 IP 化将是一个必然的发展趋势。传统的卫星通信，有自己独立的标准体系和通信协议，如果将卫星用于互联网通信，需要经过复杂的转换和接入过程，不但设备复杂昂贵，而且需要具备专业知识的人士才能操作。这是卫星通信的物理性质和传统使用方式决定的。在这种情况下，卫星在互联网中的应用遇到了很大的困难，限制了它的作用。许多通信行业的单位和研究人员因此对卫星通信技术产生了畏难情绪。

　　但是没有卫星的参与，就没有未来的互联网，更没有 6G。IP 化将是宽带互联网卫星通信与传统卫星通信的主要区别之一。未来的通信卫星不但可以被看作是天空中的通信基站，而且可以被看作是飞行的互联网设备，地面上的用户不需要进行复杂的协议转换，就可以直接用它来通信。用户甚至不需要购置太多新的设备，或许只需要买一副简单的天线就能用上卫星网络了。

3. 有卫星互联网，才是真的互联网

为什么华为要提出用 10 000 颗卫星构成 6G 的一部分？赛迪智库无线电研究所在 2020 年 3 月发布的《6G 概念及愿景白皮书》中指出，5G 的通信对象集中在陆地地表 10km 以内高度的有限空间范围，无法实现"空天海地"无缝覆盖的通信愿景。对于智能工厂，6G 能够将时延缩减至毫秒（ms）级甚至是微秒（μs）级，从而能够逐步取代工厂内机器间的有线传输，实现制造业更高层级的无线化和弹性化。

基于上述分析，我们认为 6G 总体愿景是基于 5G 愿景的进一步扩展和升级。从网络接入方式看，6G 将包含多样化的接入网，如移动蜂窝、卫星通信、无人机通信、水声通信、可见光通信等多种接入方式。从网络覆盖范围看，6G 愿景下将构建跨地域、跨空域、跨海域的空—天—海—地一体化网络，实现真正意义上的全球无缝覆盖。

根据通信界人士的分析与认识，作为 5G 替代者的 6G，将有几个显著特点：覆盖更加广阔、能够容纳的通信设备更加密集、通信带宽更大、时延更低。任何通信手段，都不可能单独实现 6G，因此必须采用多种通信手段才能实现 6G，其中卫星通信将是不可替代的重要组成部分。

这份白皮书列举了卫星的使用场景，包括空中高速上网、全域应急通信抢险等。白皮书特别指出，业界有观点认为，6G 网络是 5G 网络、卫星通信网络及深海远洋网络的有效集成，卫星通信网络涵盖通信、导航、遥感遥测等各个领域，实现空天地海一体化的全球连接。空天地海一体化网络将优化陆（现有陆地蜂窝、非蜂窝网络设施等）、海（海上及海下通信设备、海洋岛屿网络设施等）、空（各类飞行器及设备等）、天（各类卫星、地球站、空间飞行器等）基础设施，实现太空、空中、陆地、海洋等全要素覆盖。当前，卫星通信作为其中一个重要子系统纳入 6G 网络得到了普遍认可，需要对网络架构、星间链路方案选择、天基信息处理、卫星系统之间互联互通等关键技术进行深入研究。

从其他文献也可以发现，各界普遍认为，没有卫星参与就不会有真正意义上的 6G。没有卫星，对广大天域、空域的覆盖就无从完成。虽然人们对深海远洋网络的建设方式尚在讨论之中，水下通信的具体问题尚未解决，但只有依靠卫星，深海远洋网络才能真正融入 6G 全球通信网络。

考虑到 6G 所需要承载的通信设备将远远多于 5G，卫星互联网如何适应 6G 时代的发展，将成为一个新的课题。是否需要向更高的频段发展，是否需要考虑大容量的激光天对地通信，如何与更小的个人设备或者物联网设备直接通信等。这些或许是下一代宽带卫星互联网所必须考虑和解决的问题。

4. 万物互联视角下的卫星互联网

近几年流行一个名词，那就是物联网。从字面上理解，物联网就是把物体用网络连接在一起。人们可能很容易就想到无人机和无人车（见图2-1）。它们或许会是第一批被联网的物体，然而值得联网、需要联网的物体远不止这些。从信息化的角度来看，很多人们习以为常的物体，同样是需要被联网的。而且这里所说的"物"并不仅仅是没有生命的，具有生命的动植物甚至人类自身，也可以被当作"物"。

比如说，建筑和房屋是人们常见的"物"。虽然人们会把光纤、网线拉进房子里用来联网，但房子本身的结构很少成为联网的对象。在物联网视角下，人们就会考虑把各种测量压力、拉力、剪切力、形变、温度、湿度等的传感器埋设到建筑物的结构内部，贴在钢结构或者融合在混凝土当中。这样，一座房子就真的"活"起来了。建筑安全和公共事业单位可以通过这样的传感器来监控房子的安全性。这对于一些地质情况不稳定区域的房屋有很重要的作用。如果有人对房屋进行不安全的改建，人们可以及时发现和制止。除了房子，汽车、工程机械、野生动物保护和监视设施、野外电力设施、石油天然气管道、海上灯塔和浮标，甚至藏羚羊、大熊猫等都可以成为被联网的"物"。

图2-1　无人机和无人车

人的身体可以被理解成"物"吗？当然是可以的。其实，用来描述人们健康情况的参数非常多，其中绝大多数不可能靠自己的体感来确定。即使是专业医务工作者，也需要借助各种仪器来测量反映健康情况的参数。不过，随着传感器技术的发展，人们已经能用穿戴式设备测量很多生命体征了，包括心率、体温、血氧饱和度等。很多保健单位已经利用手环等设备开展面向老年人的普及型远程健康监测服务。但是目前，这种服务还局限在有移动网络的地方。如果人们去野外、海岛旅游，就需要宽带卫星互联网的支撑，才能保证持续的健康监测。

理解了"物"，就要解决联网的问题了。在城市，因为有光纤和移动通信铁塔，联网是一件不难的事情。离开了城市，国家通信干线四通八达，把几乎所有的城市和乡镇连接在一起。但是在更加广袤的沙漠、山岭和森林，在湖泊、滩涂和大海上，就不一定具备这样良好的通信条件了，物联网的搭建会遇到严重困难。实际上，通信行业考察服务范围的主要指标依然是"人口覆盖率"，哪里有人，哪里才考虑建网。但是如今，物联网要面对的地区，很多是没有人长居的，联网的问题就只能靠另外一种手段来解决，那就是卫星。

如果走出中国，把目光投向世界，人们会发现网络的覆盖就更不足

了。目前世界上 70 多亿人中，至少有 30 亿人完全无法得到网络覆盖。在"一带一路"沿线国家中，不能上网的人为数不少。这些人是不是也需要物联网呢？答案是肯定的。物联网在工业领域还有一个名字，叫作"工业互联网"。也就是把机器设备连接到网络当中。联网后的机器设备就进入了一个巨大的资源库，买家和总承包商可以在这个资源库中寻找适合自己的合作对象，智能化分工，把消费者需要的东西生产出来。

人们在工业互联网的推进和建设过程中发现了一件有趣的事情，机器设备的主人和实际操作者对自己的机器有哪些专长、最适合用来做什么，了解得并不透彻，并不清楚如何把它们维护好，如何充分发挥它们的作用。在加装各类传感器、融入工业互联网之后，远程的工业互联网运营商通过与机器设备的制造商合作，拿到相关的数据之后，反而能够更好、更充分地了解具体设备的各方面性能指标，合理安排生产任务和维修维护。工业互联网运营商的数据库里有大量的软件模型，可以用来指导具体厂家生产不同类型的产品，不但能提高产能，还可以确保质量。

人们发现，越是不发达的地方，越是存在工业生产水平低、机器设备使用能力差的问题，需要物联网为它们提供机会，帮助它们进入国际经济大循环。那么，如何为这些没有网络的地方提供工业互联网呢？答案当然也是卫星。

不发达地区还有旺盛的基础设施建设需求，铁路、公路、桥梁、水坝等都需要投入大量工程机械来施工建造。要想有效监控工程机械的运转情况，把它们接入工业互联网是一个好办法。国内科研单位在工程机械的工业互联网改造方面已经取得了很大的成绩，对于机械设备的健康运行、绿色运行起到了很大的作用。要在"一带一路"的不发达地区施工现场建立工程机械的工业互联网，最好的手段依然是卫星，而且时延比较低的低轨道通信卫星要比静止轨道通信卫星效果更好。

工业互联网示意如图 2-2 所示。

图2-2　工业互联网示意

当然，工业互联网和物联网在使用宽带卫星互联网的时候，都有各自的问题要解决，其中最重要的就是信息安全。机器设备对于虚假信息的判断能力是比较差的。对于连续运行的生产线来说，一旦被黑客入侵，或者信息流被自然现象干扰，就可能带来严重的生产事故和设备损失。宽带卫星互联网本质上是一种无线电通信，抗干扰、抗入侵的问题比光纤网络显得更加突出一些。因此，通信和工业互联网的有关科研人员正在积极提出和尝试各类解决方案。

5. 5G视角下的卫星互联网

人们已经进入了 5G 时代，虽然所谓的"杀手级应用"还没有出现，但是人们普遍承认，5G 广泛应用并且改变人们的生产生活方式，将是一个不可逆转的潮流。对用户来说，5G 就是自己的手机和基站之间的信息交换。然而人们采用上帝视角来看待 5G 网络，会发现基站和基站之间同样需要一张巨大的网络连接。在中国，这样的网络是靠光纤来实现的。但是在很多不发达国家和地区，并没有光纤网的施工条件和施工能力。因此，这些地方的用户要想进入 5G 时代，难度还是比较大的。

但是，在宽带互联网卫星的支持下，5G 网络的全球布设就有了强大的手段。为了提高通信速度，5G 基站的布设密度要比 4G 高得多。那么能不能把基站直接和卫星连接呢？这当然是一个行得通的方法。不少宽带互联网卫星和星座都把提供 5G 解决方案作为自己的服务方向之一。有许多技术研究机构和行业组织在讨论卫星和 5G 融合的意义与具体方案。欧洲航天局提出的 5G 和卫星的融合方案如图 2-3 所示。

图2-3　欧洲航天局提出的5G和卫星融合方案

　　卫星在广播服务方面效率很高。当人们点播一部电影的时候，所发送出去的信息无非是电影片名和认证信息，但是所接收到的却是好几个 GB 的影音内容，而且，很可能同时有许多人要求接收同一部电影。这时就可以考虑广播式的服务，用卫星直接把大量内容广播到基站，尽量少占用干线的带宽。

　　有人提出，可以用卫星直接为某一座写字楼或者一个社区的基站提供服务，把它们接入 5G 网络。这种方式适合于地面上带宽不够、网络速度很慢的地方。人们可以用地面的线路上传带宽需求很小的内容，比如文字和图片；用卫星来下载带宽需求很大的内容，比如网页、视频、音频等。

　　当然，被提及最多的问题是在没有地面网络的情况下，如何提供 5G 服务。"没有地面网络"的情况有两种，一种是这个地方的社会经济发展水平很低，没有资金铺设光纤网和铁塔，以及架设基站。图 2-4 就是一种和地面基站通信的机载终端；另一种是这个地方根本就没有人类居住。

　　为了解决第一种情况下的问题，有些企业正在建设超大型低轨道互联网星座，例如美国的"星链"和英国的"一网"。这些星座的服务对象都是数以亿计的用户。虽然有人担心这些用户的购买力很差，未必能成为宽带互联网星座的消费者。但是也有人认为，只要其中有一小部分人买得起，星座就可以运行起来并且获得利润，而且有些情况下，可以由政府或慈善机构提供资金。

　　人们经常会遇到第二种情况，最典型的就是从中国飞往美国，人们离开我国空管服务区后，就会进入西伯利亚的荒原上空，然后飞过北冰洋，到美国阿拉斯加，然后又要进入加拿大北部的荒凉地区，靠近美国和加拿大边境的时候，才会有网络服务。所以，长途飞行的人们最苦恼的事情之一就是没有办法上网。虽然很多航空公司已经通过静止轨道卫星开通了客舱上网服务，但目前的网络传输速率和覆盖范围还远远不能满足需要，更不要说达到 5G 标准了，而且静止轨道卫星无法为北冰洋提供服务。所以，从目前来看，低轨道宽带卫星互联网是为北冰洋上空民航飞机提供 5G 服务的唯一手段。

图2-4 一种和地面基站通信的机载终端

海洋是另外一个不可能建设光纤网和铁塔的区域。考虑到海洋占地球表面积的 71%，这么大的一片区域有没有 5G 服务，决定了人类对地球资源开发、利用和保护的能力是否能够实现飞跃。至于海上的 5G 用户，一类是在海上工作的海员。据统计，世界大宗货物的运输主要都是通过海运实现的。海运的比例占国际贸易总量的三分之二以上，中国进出口总量中超过 90% 都是通过海运实现的。如果没有海运，世界上很多地方的人们就无法得到足够的石油、粮食、煤炭、日用品等物资。为了服务于海运，全球有大量海员在船只上工作。根据中国交通报社发布的消息，当前全球有 165.9 万海员。在大多数时间，海员都生活在与世隔绝的环境里，船只不靠岸就很难和家人联系。虽然现代航船上都有海事卫星电话，但这种卫星通信服务非常昂贵，海员只有在事态紧急时才会打电话。天基宽带互联网，特别是能够充分覆盖海洋的低轨道互联网卫星，能够为海员提供又快又便宜的网络接入，让他们能和陆地上的人们一样，生活在宽带和信息化的世界里，自由地和亲朋好友通过文字、语音、视频沟通，自由地分享海上生活。虽然海员数量占全球总人口的比例非常小，但是他们的工作影响到了全球几十亿人的生活质量。所以，他们的网络接入是非常重要的。

另外一类长时间生活在海上的人群，就是各种石油钻井平台的工作人员。因为石油钻井平台的位置相对固定，所以平台上都会安装 VSAT卫星终端，用来和地球静止轨道卫星通信，石油钻井平台的上网条件比商船上的上网条件要好得多。但是传统地球静止轨道卫星的使用费也很高，石油工人只能享受到窄带网络的服务，想要和家人高清视频就有点奢侈了。有了宽带互联网卫星，带宽的价格降低了很多，石油工人就可以轻松享受宽带生活。

除了人们所熟悉的海洋石油钻井平台、商船、渔船、邮轮和客轮之外，还有远海养殖基地。根据 2020 年 5 月的报道，中国正在设计两艘 10万吨级的大型深海养殖加工船，称为"国信一号"。这种养殖船上，不但有很多船员需要通过 5G 和家人联系、享受娱乐生活，而且需要链接到电子商务网络，采购用品、销售鱼获。

许多建设中的宽带互联网卫星都把焦点放在海运、能源、渔业用户上，致力于为他们提供 5G 标准的服务，如加拿大的 Telsat 星座和开普勒星座。

第三章

国内外卫星互联网的
主要计划

近年来，以一网（OneWeb）公司为代表的卫星互联网新兴企业纷纷瞄准低轨通信星座，旨在为全球用户提供宽带服务，掀起继"铱星"（Iridium）、"全球星"（Globalstar）之后的又一次低轨星座建设浪潮。

相比上一代低轨星座与地面通信运营商竞争的定位，新一代低轨星座聚焦"填补数字鸿沟"，将自身定位为地面通信的补充，再加上当前互联网服务的日渐常态化，网络连接需求不断增加，卫星制造的低成本、小型化趋势不断深化，"卫星互联网"这一概念又有了新内涵。在此背景下，卫星互联网运营商先

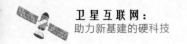
后提出几千甚至几万颗卫星组成的低轨宽带星座计划。其中，星链、一网、电信星、柯伊柏等星座规划的卫星数量均超过 1 000 颗，备受业界关注。

1. 卫讯系统

1.1 概述

卫讯公司（ViaSat）是一家北美的卫星通信运营商，该公司已经发射了 2 颗高通量通信卫星——卫讯 -1/2（ViaSat-1/2），利用大容量 Ka 频段点波束技术提供高速度的互联网宽带卫星通信业务。目前，该公司正在建设地球静止轨道高通量通信卫星（GEO-HTS）星座——ViaSat-3。该星座由 3 颗卫星组成，单星吞吐量超过 1Tbit/s。

1.2 星座建设情况

ViaSat-1 卫星（见图 3-1）于 2011 年发射，单星吞吐量超过 140Gbit/s，单个卫星可支持 100 万以上用户高速宽带接入。ViaSat-1 卫星在轨示意如图 3-2 所示。

图3-1　ViaSat-1卫星

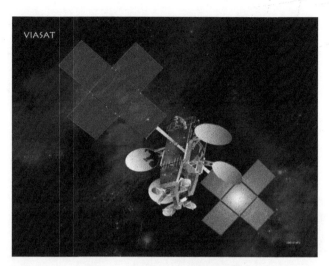

图3-2　ViaSat-1卫星在轨示意

2017 年，该公司第二代高通量通信卫星 ViaSat-2（见图 3-3）发射。

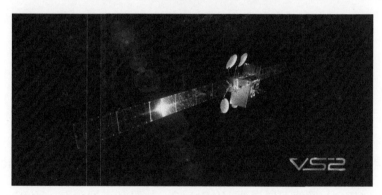

图3-3　ViaSat-2卫星

ViaSat-2 卫星采用 BSS-702HP 平台，有效载荷与 ViaSat-1 卫星类似，具有可变点波束。卫星覆盖北美、中美和加勒比海地区，主要满足美国东海岸地区，以及北美到欧洲之间的海事和航空通信需求。ViaSat-2 卫星覆盖图如图 3-4 所示。ViaSat-2 卫星最大的特点是覆盖区域广，其

覆盖面积是 ViaSat-1 卫星的 7 倍。由于该卫星采用了不同的设计，ViaSat-2 卫星的容量无法以 Gbit/s 计算，但是大致是 ViaSat-1 卫星容量的 2.5 倍。该卫星能够在保持现有服务水平的情况下，满足 250 万用户的需求。

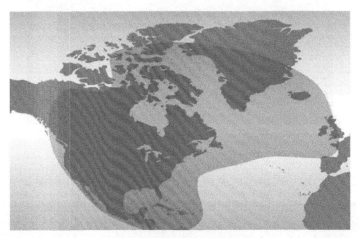

图3-4　ViaSat-2卫星覆盖图

1.3　未来发展计划

目前，ViaSat 公司正在发展新一代对地静止轨道（Geostationary Orbit，GEO）通信卫星星座 ViaSat-3。从研制进展来看，ViaSat 公司和波音公司已经启动了 ViaSat-3 卫星星座中前两颗卫星的制造、集成和测试工作。前两颗 ViaSat-3 卫星将主要为美洲、欧洲、中东和非洲提供通信服务，第三颗 ViaSat-3 卫星计划为亚太地区提供服务。ViaSat-3 卫星覆盖图如图 3-5 所示。

ViaSat-3 卫星星座中的每颗卫星采用了有效载荷设计，使得卫星带宽效率是 ViaSat-2 卫星的 4 倍以上，卫星的容量使用成本更低，预计降至 185 万美元 /（Gbit/s）。此外，ViaSat-3 卫星采用灵活有效载荷设计，能够在轨灵活调整卫星的带宽分配。

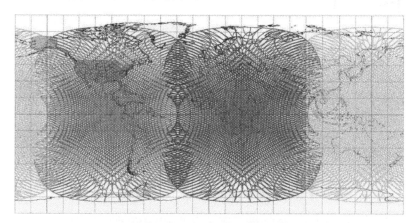

图3-5　ViaSat-3卫星覆盖图

ViaSat 卫星关键技术参数见表 3-1。

表 3-1　ViaSat 卫星关键技术参数

卫星名称	发射年份	制造商	卫星平台	卫星质量	设计寿命	载荷指标
ViaSat-1	2011 年	劳拉空间系统公司（MDA SSL）	LS-1300	6 740kg	15 年	卫星载有 56 路 Ka 频段转发器，能够形成 72 个点波束，其中 63 个点波束覆盖美国，9 个点波束覆盖加拿大。整星吞吐量为 147Gbit/s
ViaSat-2	2017 年	波音公司（Boeing）	BSS-702HP	6 418kg	15 年	卫星载有 Ka 频段有效载荷，整星吞吐量为 350Gbit/s，卫星覆盖美国东海岸到北美洲之间大片区域
ViaSat-3	（暂未发射）	波音公司（Boeing）	BSS-702HP	6 400kg	20 年	卫星载有 Ka 频段有效载荷，单星吞吐量超过 1Tbit/s

未来，ViaSat 系统将用大量小型点波束提供可视的全球覆盖，网络可以连接高速网络并创建巨大的容量。

2. "一网"星座

2.1 概述

一网（OneWeb）星座是一网公司提出的低地球轨道（Low Earth Orbit，LEO）卫星星座。一网公司成立于 2012 年，总部位于美国弗吉尼亚州，是一家全球性的通信公司。一网星座旨在为世界各地的企业、政府、行业提供经济、快速、高带宽和低时延的通信服务。

2.2 星座建设情况

一网星座计划在 2021 年完成 648 颗卫星的部署，最终实现 1 980 多颗卫星的全球覆盖，构建全球高速低时延的卫星网络连接。

2020 年 3 月 27 日，一网公司向纽约南区破产法院递交了破产保护申请。而一网公司的 648 颗卫星的星座计划已经获得美国市场准入权，并且早在 2018 年 3 月，该公司向美国联邦通信委员会（Federal Communications Commission，FCC）提出增加卫星的申请，使卫星总数达到 1 980 颗。这两个阶段的一网星座概况见表 3-2。

2020 年 5 月，一网公司向 FCC 提出请求，希望把星座组网卫星数量增加到 4.8 万颗。该公司称，4.8 万颗卫星组网将带来更大的灵活性，以满足正在快速增长的全球连接需求。

表 3-2　一网星座概况

参数		第一阶段	第二阶段
卫星数量		648 颗（其中 60 颗备份卫星）	1 330 颗
建设时间		2019 年至 2021 年	2021 年后
轨道高度		1 200km	未披露
轨道平面		18 个	36 个
轨道的最大卫星数		36 个	56 个
卫星寿命		超过 5 年	未披露
轨道倾角		87.4°	未披露
频段	用户下行链路	10.7~12.7GHz	
	用户上行链路	12.75~14.5GHz	
	馈电下行链路	17.8~20.2GHz	
	馈电上行链路	27.5~30.0GHz	
单星重量		147.5kg（有效载荷 60kg）	未披露
载荷		2 个 TTC 遥控遥测全向天线，2 个 Ku 频段天线，2 个 Ka 频段天线	未披露
带宽		单星 10Gbit/s	进一步提高卫星容量
星间链路		无星间链路，50 个地面站	有星间链路，并增加可控波束
指标		时延 <50ms，宽带速率 50Mbit/s	峰值带宽速率 2.5Gbit/s
推进方式		离子电推（Xenon HET）	

（数据来源：OneWeb & Eoportal & SpaceNews）

截至 2020 年 12 月 31 日，一网公司已进行 4 次发射。一网卫星发射情况见表 3-3。

表 3-3　一网卫星发射情况

时间	发射数目	运载火箭
2019.2.27	6 颗	联盟号 ST-B 火箭
2020.2.7	34 颗	联盟号 2.1b 火箭
2020.3.21	34 颗	联盟号 2.1b 火箭
2020.12.18	36 颗	联盟号 2.1b 火箭

一网公司与 Intellian 和 SatixFy 两家公司在 2019 年 7 月对时延、传输速率、抖动、卫星无缝切换、功率控制等进行了测试，测试结果如下：①极低的时延，平均为 32ms；②无缝波束和卫星切换；③准确的天线指向和跟踪；④实时流式传输视频，分辨率高达 1080P（全高清）；⑤传输速率超过 400Mbit/s。

卫星系统要想正常工作离不开地面系统的配合。在地面站建设方面，2017 年，美国休斯网络系统公司与一网公司达成了 1.9 亿美元的协议，前者负责地面网络系统建设。2018 年 3 月，美国休斯网络系统公司向一网公司交付了首批低轨道卫星地面站。一网地面网关信息见表 3-4。

表 3-4　一网地面网关信息

地面网关数量	50 ~ 70 个
天线数量	>500 个
性能	多跟踪天线，支持高速用户流量的操作和切换； 定制的交换设备、室外调制解调器和功率放大器； 每个网关每秒可无缝处理多达 10 000 个终端

（数据来源：OneWeb）

对于所有旨在提供全球服务的低轨通信星座而言，频率资源具备独占性和排他性，其争夺结果直接影响项目的成败。一网星座也不例外，其系统建设奉行频率先行策略。一网公司通过收购获得了天桥公司（Skybridge）的部分 Ku 频段优先使用权，其 6 颗卫星以合适频率广播了 90 天，这已经满足 ITU 设定的"不用则失去"的频谱使用条件。由于 ITU 对非静止轨道卫星系统采取的"先到先得"原则，此举建立了一网星座在与其他星座频率竞争中的优势地位。

一网公司从终端技术、卫星组网、卫星制造、卫星发射的各个环节，均采取了与众不同的合作模式，并选择了不同的合作伙伴，构建低轨道卫星产业生态圈，给传统的卫星工业格局带来了巨大的观念改变和格局冲击。

一网公司与欧洲空客公司合资的企业 OneWeb Satellites（一网公司）在美国佛罗里达州肯尼迪航天中心附近落成一座卫星制造工厂，进行微小卫星的设计和制造。借鉴工业化、标准化、自动化研发生产理念生产微小卫星，能够有效缩短装配时间，全方位分析设备性能并进行调试，使每颗小卫星的研发生产成本降至 50 万美元左右。2019 年 9 月，新的卫星自动化生产线正式启用。一网公司两条卫星生产线对比见表 3-5。

表 3-5　一网公司两条卫星生产线对比

生产线位置	图卢兹	佛罗里达州
启用时间	2017 年 6 月	2019 年 9 月
概况	自动化测试，数据采集	自动化生产
产能	未披露	可达 2 颗 / 天
厂房面积	4 600 平方米	10 219 平方米
目的	验证高性能卫星制造方法，降低风险	批量化生产，降低卫星生产成本

2.3　未来发展计划

英国政府和印度电信公司 Bharti Global 对一网公司进行了资本重组。根据 FCC 2020 年 12 月发布的最新公告，英国政府和 Bharti Global 将各持重组后一网公司 42.2% 的股份。作为一网公司申请破产保护前的主要投资方，软银将持股 12.3%。一网公司与空客在佛罗里达州的合资制造工厂已经恢复运营，并将继续为未来发射生产新的卫星。2021 ~ 2022 年，一网公司计划发射更多卫星，然后在 2021 年年底开始在选定地区提供商业服务，并计划在 2022 年扩大全球服务。

3. "星链"系统

3.1 概述

"星链"（Starlink）系统由太空探索技术公司（SpaceX）提出，旨在提供廉价、快速的宽带互联网服务，是全球迄今为止规模最大的卫星星座项目。"星链"星座第一阶段的组网卫星总数接近 1.2 万颗，预计花费 100 亿美元，率先为美国北部和加拿大提供区域宽带服务，再将其服务范围扩大到全球。

从 FCC 发布的 FCC 21-48 号文件中可知，"星链"系统是由 4 408 颗分布在 500km 左右高度的低地球轨道（Low Earth Orbit, LEO）卫星和 7 518 颗分布在 340km 左右高度的甚低轨地球（Very Low Earth Orbit, VLEO）卫星构成。"星链"星座轨道情况见表 3-6。

表 3-6 "星链"星座轨道情况

星座轨道	参数	详情				
LEO 第一、二阶段 4 408 颗	星座计划	第一阶段	第二阶段			
	卫星数	1440	1440	720	336	172
	高度	550km	540km	570km	560km	560km
	倾角	53°	53.2°	70°	97.6°	97.6°

（续表）

星座轨道	参数		详情		
LEO 第一、 二阶段 4 408 颗	Ka 频段 / Ku 频段	用户下行链路 卫星到用户终端	10.7~12.7GHz		
		下行馈电链路 卫星到网关	17.8~18.6GHz 18.8~19.3GHz		
		用户上行链路 用户终端到卫星	14.0~14.5GHz		
		上行馈电链 路网关到卫星	27.5~29.1GHz 29.5~30.0GHz		
		遥控遥测跟踪 下行链路	12.15~12.25GHz 18.55~18.60GHz		
		遥控遥测跟踪 上行链路	13.85~14.00GHz		
VLEO 第三阶段 7 518 颗	V 频段	高度	345.6km	340.8km	335.9km
		每个高度的卫星数	2 547	2 478	2 493
		倾角	53°	48°	42°
		下行通道 卫星到用户终端 或网关	37.5~42.5GHz		
		上行通道 用户终端或网关 到卫星	47.2~50.2GHz 50.4~52.4GHz		
		遥控遥测跟踪 下行链路	37.5~37.75GHz		
		遥控遥测跟踪 上行链路	47.2~47.45GHz		

3.2 星座建设情况

从2018年SpaceX发射两颗测试卫星开始，截至2020年12月31日，"星链"星座的主要发展脉络见表3-7。

表3-7 "星链"星座的主要发展脉络

编号	时间	事件
1	2018.2.22	发射两颗测试卫星，标志"星链"建设进入在轨测试阶段
2	2019.4	FCC批准"星链"调低部分卫星轨道的请求，允许将原计划部署于1 150km的第一阶段卫星的轨道降低至550km
3	2019.5.24	第1批60颗卫星送入太空，主要用于精确定位
4	2019.8	申请了4个FCC特别临时管理局许可证，并提出了将550km卫星的轨道面数量从24个增加到72个的请求
5	2019.10	马斯克通过"星链"发送Twitter，标志"星链"已具备提供天基互联网服务的能力
6	2019.11.11	第2批60颗卫星送入太空，总计部署117颗
7	2020.1.7	第3批60颗卫星送入太空，主要用于高速宽带互联网，至此SpaceX成为全球最大商业卫星星座运营商
8	2020.1.29	第4批60颗卫星送入太空，旨在提高频谱效率和吞吐量
9	2020.2.17	第5批60颗卫星送入太空
10	2020.3.18	第6批60颗卫星送入太空
11	2020.4.22	第7批60颗卫星送入太空
12	2020.4	SpaceX公司将低轨道部分卫星数量修改为4408颗
13	2020.6.3	第8批60颗卫星送入太空
14	2020.6.13	第9批58颗卫星送入太空
15	2020.6	SpaceX公司正式成为第二代星座申请频率资源，卫星总数约4万颗
16	2020.8.7	第10批57颗卫星送入太空
17	2020.8.18	第11批58颗卫星送入太空
18	2020.9.3	第12批60颗卫星送入太空
19	2020.10.6	第13批60颗卫星送入太空
20	2020.10.18	第14批60颗卫星送入太空
21	2020.10.24	第15批60颗卫星送入太空
22	2020.11.25	第16批60颗卫星送入太空

2020年，"星链"系统共计完成了14次组网发射。2020年11月，第16批60颗卫星成功发射（见图3-6），标志着"星链"系统累计发射

卫星总数将突破 1 000 颗。

图3-6　第16批60颗卫星成功发射

"星链"星座采用了如下关键技术。

（1）星座设计

大量采用激光星间链路，大幅减少地面信关站部署数量，通过综合采用星地联合调度、相控阵波束成形等手段实现对 GEO 的干扰规避。

（2）卫星天线系统

卫星底部安装 4 个相控阵天线系统，可以实现极高的数据量发送和转发，比常规容量通信卫星成本高一个数量级。

（3）太阳能电池阵

卫星采用单个太阳能电池阵设计，极大地简化了系统，太阳能电池采用标准部件，简化了制造和集成过程。

（4）氪离子推进系统

卫星配备一个高效的氪离子推进系统，此推进系统能够在运营期间进行抬升轨道高度、维持轨道形状等轨道机动，并能在寿命末期进行降低轨道、完成离轨操作的机动。"星链"卫星是第一个采用氪离子推进系统的航天器。

（5）星敏感器

利用内部定制的导航传感器测量卫星姿态，有助于稳定姿态，实现宽带吞吐量的精确设定。

（6）自主碰撞规避系统

卫星使用从地面传输的空间碎片威胁信息数据以及自身携带的 4 个动量轮系统配合离子推进系统来实现自动规避空间碎片和其他航天器的功能。这种自主规避防撞功能能够最大限度地降低人工出错的概率，让卫星在一个可靠的、无碰撞的空间环境中稳定运行。

在频率申报与储备方面，SpaceX 公司最初通过商业合作从挪威获得 STEAM-1 和 STEAM-2 两份 Ku、Ka 频段资料。从 2016 年年底开始，SpaceX 陆续通过 FCC 向 ITU 提交了 USASAT-NGSO-3A-R/3B-R/3C/3D/3E/3F/3G/3H/3I 9 份 Ku/Ka 频段 NGSO 网络资料，以及 USASAT-NGSO-3J/3K/3L 3 份 V 频段 NGSO 资料，目前，该公司的星座计划主要占据 345.6 ~ 1325km 之间的 8 个轨道高度。2019 年 10 月，SpaceX 公司再次通过 FCC 向 ITU 提交了 USASAT-NGSO-3M/3N 等 20 份 NGSO 网络资料，全部集中在 325 ~ 580km 的极低轨道和 Ku/Ka/V 频段，每个网络具有 1 500 颗卫星。

2019 年 12 月，FCC 批准 SpaceX 公司将之前的 24 个 550km 轨道面增加至 72 个，每一个轨道面的卫星从 66 颗降至 22 颗。SpaceX 公司此次更新旨在全面提升发射效率，使波束覆盖更加均匀，从而快速实现对美国中部、南部地区以及夏威夷等区域的服务。从近期的动向推测，SpaceX 公司极有可能还会继续调低星座其他轨道的高度。

在地面站建设方面，2019 年，SpaceX 公司在美国境内建设了 12 个地面站，包括 1 个测控站 / 关口站、6 个 Ku 频段关口站和 5 个 Ka 频段关口站。随着卫星组网发射，需要更多的地面系统提供支持。为此，在 2020 年 1 ~ 5 月，SpaceX 公司分别向 FCC 提出了新建 21 个 Ka 频段关口站的申请。加上之前的地面站，"星链"系统将拥有 26 个 Ka 频段关口站。

在终端部署方面，FCC 已授权 SpaceX 公司部署将用户连接到其"星链"卫星互联网网络所需的多达 100 万根地面天线。该批准在 SpaceX 公司提出申请后近一年才获得，试用期限为 15 年。此次批准是一个总括许可证，涵盖多达 100 万个固定地球终端的运营。

该许可证规定每根地面天线的直径为 0.48m，地面天线能够调整发射和接收设备指向。马斯克形容这些天线"thin, flat, round UFO on a stick"，终端安装十分简单，即接通电源和指向天空，且不分先后。

在获得 FCC 批准之后，SpaceX 公司还计划增加连接"星链"用户终端的数量，早在 2020 年 3 月，FCC 批准其部署 100 万个终端的请求，但在最新提交 FCC 的修正文件中，SpaceX 公司申请将这个数字提高至 500 万。

"星链"卫星已实现流水线生产。据SpaceX总裁兼首席运营官格温·肖特韦尔（Gwynne Shotwell）透露，位于华盛顿州肯特市的卫星工厂具备日产 7 颗卫星的能力。而在洛杉矶的 SpaceX 工厂中，用户终端仍处于低速生产状态。

"星链"系统公测已于 2020 年向部分公众开放。

2020 年 4 月 23 日，马斯克在 Twitter 个人账号上表示，"星链"将在 3 个月内进行私人内测，6 个月内进行公测，卫星互联网服务的时延约为 20ms。

2020 年 6 月，"星链"开放公测预约通道，个人用户可在"星链"官网通过注册邮箱的方式预约参加。

2020 年夏，"星链"宽带互联网内测资格部分开放，对外公布时延目标是 20ms，20ms 的低时延能够满足播放高清视频、竞技视频游戏需求。

2020 年 10 月 26 日，美国部分用户在社交平台分享收到的来自 SpaceX 官方电子邮件，邀请加入"聊胜于无（Better Than Nothing）Beta"测试。如测试名所示，该项目团队希望参与测试的用户对"星链"系统的网速不要有过高的期待。邮件提到，"星链"系统的网速预计为 50 ~ 150Mbit/s，网络时延控制在 20 ~ 40ms。

一名用户在美国问答网站 Reddit 上分享了他的体验过程。该用户将"星链"系统设备和便携式电源带到了美国爱达荷州的国家森林，进行实时视频通话等测试，以便确认"星链"系统在偏远地区的传输速度和时延。该用户将卫星天线放置在森林中一个相对开阔的地面上（见图 3-7），测试结果显示，"星链"系统的下载速度为 120Mbit/s、上传速度为 12Mbit/s、时延为 37ms。但由于需要与卫星保持清晰的视线，因此在另一个森林茂密的地方进行测试后所获得的结果稍差一些。

图3-7 用户在森林中进行"星链"项目测试

（图片来源：SpaceX 公司官网）

3.3 未来发展计划

2021 年，SpaceX 公司将继续对其"星链"卫星互联网服务进行公开测试。要连接到"星链"系统，用户需要购买 SpaceX 的用户终端，马斯克曾将其描述为类似于"棍子上的 UFO"。在新的电子邮件中，SpaceX 公司表示，499 美元的套件包括用户终端、支撑三脚架和 Wi-Fi 路由器。该电子邮件为用户提供了订购设备的链接。

SpaceX 公司在其"星链"应用程序的描述中表示："根据测试计划，2020 年的初始服务将针对美国和加拿大。到 2021 年，服务范围将迅速扩大到几乎覆盖全球。"SpaceX 公司在随附的纸条上称，如果用户对其服务不满意"可以退还所有商品，并获得 75% 的退款"。

SpaceX 公司目前尚未确定总体的测试人数，也没有确定"星链"系统正式运营时的价格与测试期间的价格。

4. "光速"星座计划

4.1 概述

"光速"星座计划是加拿大电信卫星公司（Telesat）提出的低轨通信星座。

2016 年 11 月，Telesat 公司向美国联邦通信委员会（FCC）提交的申请文件中提到，卫星星座至少由 117 颗卫星组网，采用 Ka 频段，星座的系统容量是 8Tbit/s。卫星轨道分为两种：倾角 99.5° 的极地轨道，包括 6 个轨道平面，每个轨道面至少使用 12 颗卫星，轨道高度为 1 000km；倾角为 37.4° 的倾斜轨道，包括 5 个轨道平面，每个轨道面上有 9 颗卫星，轨道高度为 1 248km。

Telesat 公司也在评估扩展系统的方案（卫星数量和容量）。Telesat LEO 副总裁欧文·赫德森（Erwin Hudson）在 2018 年 9 月的"世界卫星商业周刊"会议上表示，未来低地球轨道宽带星座的预期规模是 FCC 授权卫星数量的两倍多，约为 292 颗，最终可能扩大到 512 颗。

4.2 星座建设情况

截至目前，Telesat 公司制造了 2 颗试验卫星，第 1 颗试验卫星由多伦多大学的航空航天研究所太空飞行实验室建造，但是在 2017 年 11 月 28 日发射时由于俄罗斯火箭事故已经损毁。另一颗试验卫星 Vantage-1 由英国萨里卫星技术有限公司建造，于 2018 年 1 月 12 日成功发射。这颗卫星重约 168kg，卫星上配有高通量 ka 频段有效载荷和激光星间链路发射接收设备。Telesat 公司利用这颗卫星与移动运营商沃达丰公司（Vodafone）进行了全球首次 5G 服务数据回传测试。测试结果显示，网络回路时延为 18 ~ 40ms，是目前卫星连接的最低时延，该网络支持视频聊天、网页浏览和 4K 视频同步流媒体。加拿大电信卫星公司在官网上发布了低轨道卫星的概念图（见图 3-8）。

图3-8 加拿大电信卫星公司的低轨道卫星的概念图

据 Telecompaper 2020 年 6 月 5 日报道，Telesat 公司表示，西班牙电信的国际批发部门（TIWS）在 Telesat 的低地球轨道第一阶段卫星上完成了一系列在轨测试。该测试探讨了将低地球轨道卫星用于高端服务的性能和可行性，并证明了第一阶段低地球轨道可能是无线回程的可行选择，表明了对地静止轨道（Geostationary Orbit，GEO）链路的性能有了实质性的提高。Telesat 公司补充说，在低地球轨道上测试的往

返时延为 30 ～ 60ms，没有任何数据包丢失。

4.3 未来发展计划

作为全球领先的卫星运营商，Telesat 公司的低轨星座计划一直饱受关注，但是在计划推进方面，却一直处于"It's coming"的状态。

Telesat 公司计划在 2022 年开始部署，将 78 颗卫星发射到极地轨道，在 2023 年年底，将剩余的 220 颗卫星发射到倾斜轨道。其中极地卫星将于 2022 年在北纬高纬度地区投入使用，并在 2023 年 Telesat 公司发射倾斜轨道卫星后开始提供全球服务。

Telesat 公司预计将在低轨星座计划中投入几十亿美金，这笔投入显然会对公司资金周转方面造成一定压力。且根据 ITU 的规定，Telesat 公司需要在 2023 年 1 月前实现星座总数量 10% 的卫星在轨。但由于一直未选定卫星制造商，直到 2021 年 2 月才确定由欧洲泰雷斯－阿莱尼亚公司建造，因此很可能难以达到 ITU 第一个 10% 的目标。

5. 亚马逊"柯伊柏"星座

5.1 概述

"柯伊柏"（Kuiper）星座是美国互联网巨头亚马逊（Amazon）公司提出的低轨道宽带星座计划，旨在提供全球范围的低时延高速卫星宽带连接。亚马逊公司的 Kuiper 低轨道宽带星座如图 3-9 所示。相比"星链"、OneWeb、Telesat LEO 星座，Kuiper 星座提出的时间最晚，建设进度最慢，但由于其背后的亚马逊公司而受到业内外广泛关注。

事实上，亚马逊公司在 2018 年就已经启动专注于低轨道卫星连接的地面站业务——

图3-9　亚马逊公司的Kuiper低轨道宽带星座

AWS Earth Station，并于 2019 年 6 月创建了专门的航空航天及卫星解决方案部门，凭借卫星云服务业务全面进军航天产业市场。2019 年 7 月，亚马逊向 FCC 提交 Kuiper 星座美国市场准入申请，披露其星座设计方案。

2020年7月30日，FCC批准了亚马逊约3 200颗低轨互联网卫星星座的申请。

5.2 星座建设情况

Kuiper星座的设计方案对外披露很少，大部分相关情况出自其向FCC提交的市场准入文件，该申请于2020年7月被FCC批准。与此同时，Kuiper星座面临的外部环境变化巨大，其星座方案也有可能在项目推进过程中发生变化。

（1）空间段

星座构成方面，Kuiper星座空间段由3 236颗卫星组成，卫星计划运行在590km、610km、630km三个轨道高度，不同轨道高度对应33°、42°、51.9°三个倾角，共分布于98个轨道面上，Kuiper星座构型配置见表3-8。

表3-8　Kuiper星座构型配置

轨道高度（km）	倾角（°）	轨道面	单面卫星	合计卫星
630	51.9	34	34	1 156
610	42	36	36	1 296
590	33	28	28	784

部署进度方面，根据ITU新出台的星座监控方案，Kuiper星座须在2026年7月30日前发射至少半数（1 618颗）的卫星，并在2029年7月30日前全面完成组网发射。按照亚马逊公司设置的部署里程碑，Kuiper星座计划分为5个批次部署，首批578颗卫星发射后将启动服务。Kuiper星座部署计划见表3-9。

表 3-9　Kuiper 星座部署计划

阶段	轨道高度（km）	轨道倾角（°）	轨道面	单面卫星数	阶段总数
1	630	51.9	17	34	578
2	610	42	18	36	648
3	630	51.9	17	34	578
4	590	33	28	28	784
5	610	42	18	36	648

有效载荷方面，Kuiper 卫星用户波束将使用星载多波束相控阵天线，该天线通过对相位和幅度的调整来实现对波束形状的改变、波束扫描及波束功率分配，配合星上软件定义功能，可基于既定区域的业务需求，实现按需灵活分配频率和容量，将实现上下行所有业务的星上再生、星上交换、星上重封装等功能。具体来看，通过可调向、高增益的相控阵天线，Kuiper 卫星可实现点波束覆盖 300 ～ 500km²，点波束覆盖范围可根据不同区域容量需求进行调整。相比于窄点波束，宽点波束有约 2dB 的信号接收功率损失。另外 Kuiper 卫星还配备高增益抛物面天线，用于与地面站连接。值得一提的是，Kuiper 星座可能会采用激光星间链路组网，根据其最新发布的数据来看，星间链路传输速率可达 10Gbit/s。

频率方面，Kuiper 星座的用户和馈电链路均工作在 Ka 频段，Kuiper 星座频率计划见表 3-10。

表 3-10　Kuiper 星座频率计划

链路类型	频率（GHz）	卫星天线类型	极化方式
用户上行	28.35~28.6	相控阵天线	RHCP/LHCP
	28.6~29.1	相控阵天线	RHCP/LHCP
	29.5~30.0	相控阵天线	RHCP/LHCP

（续表）

链路类型	频率（GHz）	卫星天线类型	极化方式
用户下行	17.7~18.6	相控阵天线	RHCP/LHCP
	18.8~19.3	相控阵天线	RHCP/LHCP
	19.3~19.4	相控阵天线	RHCP/LHCP
	19.7~20.2	相控阵天线	RHCP/LHCP
馈电上行	27.5~28.6	抛物面天线	RHCP/LHCP
	28.6~29.1	抛物面天线	RHCP/LHCP
	29.1~29.5	抛物面天线	RHCP/LHCP
	29.5~30.0	抛物面天线	RHCP/LHCP
馈电下行	17.7~18.6	抛物面天线	RHCP/LHCP
	18.8~19.3	抛物面天线	RHCP/LHCP
	19.3~19.4	抛物面天线	RHCP/LHCP
	19.7~20.2	抛物面天线	RHCP/LHCP

（2）地面段

亚马逊公司未对外公布其 Kuiper 星座关口站的数量等具体情况。根据 Kuiper 星座的频率计划，推测其关口站将配有 4 副主动天线，每副天线都可以充分利用关口站所有的频率和 RHCP/LHCP 两种极化方式。

值得一提的是，在卫星地面站领域，亚马逊公司利用 AWS 地面站已广泛开展"地面站即服务"业务，该业务目前主要针对遥感卫星产生的数据，目前已经开通 6 座地面站，并与黑色天空等多个遥感卫星企业开展合作。微软公司在 2020 年 10 月正式推出其面向航天产业的云计算服务——Azure Space，并宣布与 SpaceX 和 SES 公司开展相关业务合作，与亚马逊的 AWS 地面站业务形成直接竞争。因此，Kuiper 星座地面站一方面用于连接 Kuiper 卫星提供宽带接入服务，另一方面也极有可能未来与

AWS 地面站联合组成亚马逊公司的全球云服务网络，进一步提升亚马逊公司在该领域的领先地位。

根据客户对天线部署最佳位置的反馈，亚马逊公司放慢了地面站网络的推出速度。目前，亚马逊公司已在瑞典斯德哥尔摩、巴林、澳大利亚、美国俄勒冈州及爱尔兰建成 6 个地面站。

每个亚马逊网络服务地面站都有两个天线，一个天线在 X 频段工作，可以从遥感和电信卫星下载数据，另一个天线在 S 频段工作，用于对卫星进行指挥控制。到目前为止，公司所有网站都建在亚马逊网络服务数据中心附近，以简化与亚马逊云服务的连接。同时地面站服务仅与云服务有关，想要使用其他云服务的客户可以从亚马逊网络服务下载卫星数据，然后使用不同的云，但不能将亚马逊网络服务地面站直接与诸如 Google 等云服务竞争对手连接。

（3）用户段

关于用户段的信息对外公布很少，从目前掌握的情况来看，Kuiper 用户终端将允许住宅、企业和移动（交通）等用户通过电调相控阵天线，或机械转向抛物面天线，实现与 Kuiper 卫星的接入。用户终端调制解调器具有点波束内高传输速率、链路优化、用户终端波束指向，以及确保用户通信安全等特点。

5.3 未来发展计划

为保住其授权，亚马逊须在 2026 年 7 月 30 日前发射至少半数的卫星，并在 2029 年 7 月 30 日前完成全部组网发射。目前，亚马逊尚未概述其"柯

伊伯"（Kuiper）星座的发射规划。预计"柯伊伯"卫星将分 5 批发射，服务将在第一批 578 颗卫星部署入轨后启动。

另外，亚马逊还需要在卫星设计最终确定时向 FCC 提交一项新的方案。该公司打算分三层部署"柯伊伯"卫星，轨道高度分别是 590km、610km 和 630km。

6. 波音星座

6.1 概述

2016 年 6 月，波音公司正式向 FCC 申请许可，以启动和运行一个总计由 2 956 颗卫星组成的卫星网络，这是一个非静止卫星轨道（Non-GeoStationary Orbit, NGSO）卫星固定业务（Fixed Satellite Service, FSS）系统。波音公司宣称，计划在 6 年内部署 1 396 颗卫星。该卫星星座建成后，将为全世界的商业和政府用户提供互联网和通信服务。

波音公司表示，卫星将使用目前卫星业界很少使用的 V 频段，用户终端和网关均采用 V 频段双向链路，卫星有效载荷采用先进的波束形成和数字处理技术，可实现 V 频段频谱的共享和有效使用。用户终端将采用类似的技术，使用小口径天线提供方向可控的天线波束对 LEO 卫星进行跟踪。网关也将采用先进阵列技术生成高增益方向受控波束，可从单个网关与多颗 NGSO 卫星进行通信。全球网络运行中心通过远程接入网关提供的带内 V 频段 TT & C 链路实现对卫星和有效载荷的整体控制。

在初期部署阶段，波音 NGSO 系统星座由 1 396 颗轨道高度为 1 200km 的 LEO 卫星组成。初始星座包括 35 个 45° 倾角的圆轨道面，另外还有 6

个 55° 倾角的圆轨道面作为补充。波音 NGSO 系统星座如图 3-10 所示。这一初始配置将以大于 45° 的地球站仰角为纬度 60° 以下地区的用户提供卫星可见性，并将在高纬度区域提供更高的卫星可见性和覆盖率。高仰角可以降低因链路损害造成的损耗，还能提供多条视线路径来避免阻挡。这些特性还使系统网关和用户终端与运行于 V 频段的其他用户相隔离。波音 NGSO 系统星座最终部署后，卫星数量将增加到 2 956 颗，增加 12 个 55° 倾角、运行高度 1 200km 的轨道面和 21 个 88° 倾角、运行高度 1 000km 的轨道面。终期部署后，波音 NGSO 系统星座将为全球用户进一步提高系统容量，扩大覆盖范围。

6.2 星座建设情况及未来发展计划

截至 2020 年 12 月底，波音 NGSO 系统星座进展缓慢，未来究竟能否在全球卫星互联网领域占据有利地位，还有待进一步观察（见图 3-10）。

图3-10 波音NGSO系统星座

7. 中国企业提出的卫星互联网计划

7.1 "鸿雁"星座

（1）概述

"鸿雁"星座是由中国航天科技集团有限公司主导，中国长城工业集团有限公司与中国运载火箭技术研究院、中国空间技术研究院等共同推出的全球低轨道卫星星座通信系统。该星座于 2016 年 11 月在珠海航展期间正式发布，受到国内外广泛关注。

"鸿雁"星座由 300 余颗低轨道小卫星及全球数据业务处理中心组成，具有数据通信、导航增强等功能，可实现全天候、全时段以及在复杂地形条件下的实时双向通信能力，为用户提供全球无缝覆盖的数据通信和综合信息服务。星座建设共有 3 期，将分步实施建设，最终形成全球低轨移动互联网卫星系统。

（2）研发历程

2018 年 12 月 29 日，"鸿雁"星座首发星在我国酒泉卫星发射中心由长征二号丁运载火箭发射成功并进入预定轨道，标志着"鸿雁"星座的建设全面启动"鸿雁"星座如图 3-11 所示。

2019 年 12 月 16 日，由中国航天科技集团联合中国电信、中国电子、中国国新等企业打造的东方红卫星移动通信有限公司投入运营，标志着"鸿雁"星座正式启动运营。

图3-11　"鸿雁"星座的应用场景

"鸿雁"星座将成为首个能够满足基本卫星数据通信需求的系统。星座建成后，智能手机将直接进入卫星应用领域，支持用户从地面网络切换到卫星网络，用户终端不变、体验不变，同时可提供两极地区空间组网覆盖、全球通信服务保障、天基导航授时服务、航空航海监视和支持智能终端的互联网及物联网服务，实现"用沟通连接万物、让全球永不失联"。

（3）未来发展计划

"鸿雁"星座将集成多项卫星应用功能。其卫星数据采集功能，可实现大地域信息收集，满足海洋、气象、交通、环保、地质、防灾减灾等领域的监测数据信息传送需求，并可为大型能源企业、工程企业等提供全球资产状态监管、人员定位、应急救援和通信服务。其卫星数据交换功能，可提供全球范围内双向、实时数据传输，以及短报文、图片、音频、视频等多媒体数据服务。

该系统将搭载船舶自动识别系统，可在全球范围内接收船舶发送的信息，全面掌握船舶的航行状态、位置、航向等，实现对远海海域航行船舶的监控及渔政管理。该系统还将搭载广播式自动相关监视载荷，可从外层空间对全球航空目标进行位置跟踪、监视及物流调控，增强飞行安全性及突发事故搜救能力。

此外，该系统将具备移动广播功能，能向全球覆盖区域进行音频、视频、图像等信息广播发送，将是实现公共和定制信息一点对多点发送的有效手段；其导航增强功能可为"北斗"导航卫星增强系统提供信息播发通道，提高"北斗"导航卫星定位精度。

"鸿雁"星座面向物联网及大众卫星通信市场，将成为卫星应用市场新的盈利增长点，撬动百亿卫星应用产业。星座的建设和运营，将带动航天科技卫星制造、商业发射服务、卫星应用服务、地面及终端制造航天全产业链的发展，实现航天大循环。此外，"鸿雁"星座还将有力推动中国航天创新技术发展，卫星研制模式和流程创新，在优化卫星研制流程、实现小卫星的模块化批量生产、降低卫星研制成本方面做出贡献。

7.2 "行云工程"星座

（1）概述

"行云工程"星座计划发射 80 颗行云小卫星，建设中国首个低轨窄带通信卫星星座，打造最终覆盖全球的天基物联网。所谓天基物联网，是指

通过卫星系统将全球范围内各通信节点进行连结，并提供人－物、物－物有机联系的信息生态系统。"行云"星座具有覆盖地域广、不受气候条件影响、系统抗毁性强、可靠性高等特点，具有广阔的应用前景。该工程由中国航天科工四院所属航天行云科技有限公司负责实施。

（2）星座建设情况

2017年1月，"行云工程"首颗技术验证卫星行云试验一号卫星由快舟一号甲运载火箭成功发射入轨。

2018年3月15日，航天行云科技有限公司揭牌，并正式启动"行云工程"天基物联网卫星组建工作。

2018年12月，首批两颗100千克量级卫星行云二号01星与行云二号02星完成初样研制。

2020年5月12日9时16分，中国在酒泉卫星发射中心用快舟一号甲运载火箭，以"一箭双星"方式，成功将行云二号01星、行云二号02星发射升空，卫星进入预定轨道，发射取得圆满成功。行云二号激光通信模拟图如图3-12所示。

图3-12　行云二号激光通信模拟图

（图片来源：中国青年报）

（3）未来发展计划

根据计划，"行云"工程的 80 颗行云小卫星，将分 α、β、γ 三个阶段逐步建设系统。其中 α 阶段，计划建设由行云二号 01 星与行云二号 02 星组成的系统，同步开展试运营、示范工程建设；β 阶段，将实现小规模组网；γ 阶段将完成全系统构建，并进行国内以及"一带一路"等国外市场的开拓。"行云工程"旨在构建低轨窄带卫星通信系统，可为用户提供数据采集、信息实时传输、数据深度挖掘等综合物联网信息服务。

（4）"行云工程"在八大重点行业的典型应用

集装箱采用嵌入行云卫星通信模组的冷链集装箱监管数据采集终端，实现冷链集装箱储存或运输过程中位置、运动轨迹、温度、湿度、开关门状态、冷机工作状态信息采集的实时传输及监管，冷机远程开关机控制等，以及集装箱户外货物储运中的位置、运动轨迹等监测数据的双向短报文通信。

海洋采用嵌入行云卫星通信模组的海洋气象监测数据采集终端，实现海洋岛屿气象站、海上浮标、探空气球等气象监测终端采集数据（风向、风速、温度、湿度、照度、雨量、环流、电离层等）的实时卫星传输，以及海洋应急气象信息的双向短报文广播。采用自动识别系统载荷，嵌入行云卫星通信模组的船载卫星通信网关终端实现海洋船员之间、船员及岸基人员之间的卫星通信，海洋船舶位置和轨迹信息的采集与双向短报文传输，海上应急事故的 SOS 通信保障，海洋灾害及恶劣气象信息的短报文信息广播。

能源采用嵌入行云卫星通信模组的输油管道传感器或 DCS（Data

Collection System，数据采集系统）、巡查人员手持卫星通信终端等，实现石油管道安全信息监测的传输，巡查人员、巡查车辆监管信息的传输，运输管线上传感器或DCS采集数据的传输，石油管道巡检无人机的远程控制及监管信息传输。

石油采用嵌入行云卫星通信模组的石油设备，野外石油人员手持卫星通信终端。海外石油人员穿戴设备等，实现"磕头机"、平台设备、设施的远程监测、安全预警、远程控制，石油开采设备状态监测信息传输，采油人员安全信息传输，石油应急事件卫星通信保障。

地灾采用嵌入行云卫星通信模组的地震烈度速报仪、静力水准仪及其他地灾监测传感器或DCS等，实现滑坡、沉降、泥石流等地灾监测数据传输及地质环境调查数据的采集传输。用嵌入行云卫星通信模组的RTU终端等，实现滑坡、山洪、泥石流、崩塌、地面塌陷及裂缝等灾害监测预警预报和灾害应急事件广播等。

气象采用ADS-B载荷，嵌入行云卫星通信模组的探空仪终端等，实现将电子探空仪、高空探测设备、电码式、数字式探空仪的位置、气温、湿度、风向、风速、气压、对流层、电离层等气象信息通过卫星及时传输到地面数据中心。采用嵌入行云卫星通信模组的各种海洋气象数据采集传感器或DCS等，实现全球海洋气象站盐度、湿度、温度、风向、风速、降水、日照、气压、天气监测数据信息通过卫星传送到国内数据中心。

应急救援采用嵌入行云卫星通信模组的灾情信息员手持通信终端或者车载通信终端等，实现救灾人员调度指挥，灾情信息实时采集传输，灾情信息预警预报，救灾人员、车辆调度指挥，救灾物资数字化存储与运输全程监管。

工程机械采用嵌入行云卫星通信模组的各种农机设备车载传感器或DCS，实现农机运行状态数据的传输、农机作业状态数据的传输、农机售后服务信息的传输、农机远程操控信息指令管理等。

飞行器采用嵌入行云卫星通信模组的各种飞行器监管传感器或DCS等，实现飞行器空中远程遥控，空－空协同调度、指挥，飞行应急事件通信保障服务。同时，行云通信卫星自带的ADS-B载荷可以实现对空中飞行器（如客机、直升机等）等运行状态的实时监测，保障飞行器不失联。

7.3 "天启"星座

（1）概述

"天启"星座是北京国电高科科技有限公司建设运营的低轨道卫星物联网星座，由38颗低轨道卫星组成。该星座可提供船舶自动识别系统（Automatic Identification System，AIS）、飞机广播式自动相关监（Automatic Dependent Surveillance-Broadcast，ADS-B）、ARGOS浮标和全球短数据集和通信服务。

（2）星座建设情况

2018年10月29日，北京国电高科科技有限公司（以下简称"国电高科"）研制的"天启"星座首颗业务卫星天启1号由长征二号丙火箭在酒泉卫星发射中心成功发射。

2019年6月5日，国电高科天启3号（文昌物联1号）卫星搭载首次在海上发射的固体运载火箭长征十一号成功发射入轨。

2019 年 8 月 17 日，我国在酒泉卫星发射中心用捷龙一号运载火箭，以"一箭三星"方式成功将"千乘一号 01 星""星时代 –5"卫星和"天启 2 号"卫星发射升空，卫星均进入预定轨道。

2019 年 12 月 7 日，国电高科研制的天启 4 号 A/B 星在太原卫星发射中心成功发射升空。

2020 年 1 月 15 日，天启 5 号在太原卫星发射中心由长征二号丁运载火箭发射升空。

2020 年 7 月 25 日 11 时 13 分，天启 10 号（即"陵水号"）低轨物联网卫星在太原卫星发射中心成功发射。

2020 年 10 月 26 日，天启 6 号在西昌卫星发射中心由长征二号丙运载火箭成功发射，卫星顺利进入预定轨道，发射任务取得圆满成功。

2020 年 11 月 7 日，中国商业火箭谷神星一号（遥一）在酒泉卫星发射中心成功发射，将天启 11 号物联网卫星精确送入轨道。

（3）未来发展计划

天启卫星物联网星座系统主要针对数据传输业务，解决传输层数据接入问题，具有高容量、实时性、低成本等主要特点，在环境污染保护监测、地震监测预报、森林防护、海洋监测、大中型水情预报、气象预报、油气田、油气管道网、农业、铁路、公路、航运交通管理、地区间联络、野生动物保护等行业，提供全球范围内的短数据通信服务。该系统可广泛应用于航空、海事、林业、地震、水利、环保、气象、海洋等行业部门的 B2B业务，也可为旅游爱好者、探险者、渔民等需要定位信息回传的个体用户提供 B2C 业务，还可以给军方、保密、情报等机构提供专用定制服务，为用户提供全天时、全天候数据采集及通信服务，可与地面通信系统无缝融合，全面提高政府及行业用户信息化水平，极大满足个人用户的个性化需求。

7.4 "鹊桥"星座

（1）概述

"鹊桥"低轨道卫星星座取名自中国古代牛郎和织女的爱情故事，它是我国早期商业航天公司的卫星星座项目。该卫星星座由 186 颗百公斤级别的高通量通信卫星组成。

"鹊桥"是由众多喜鹊组成的桥，国内通常使用直译即"QUEQ-IAO""magpie bridge"。鹊桥是东亚文化中具有代表性的符号，是打破爱情枷锁的象征。因此翻译成 LOVE BRIDGE 比较合适，其次 LOVE 这个词本身就是鹊桥真实文化含义的表达。结合低轨道卫星的特点 LOVE 可以翻译为 Low Orbit Vehicle Echo，一种低轨道的飞行器的回声。

（2）星座建设情况

"鹊桥"低轨道卫星星座于 2016 年 6 月对外发布该卫星星座使用领先的、融合 5G 的天地一体化通信解决方案，尤其是新型卫星载荷的使用，实现了卫星网络与地面移动通信网络的融合。

2017 年 6 月，由卫星行业生产厂家、运营商、高校等 16 个单位（如 BT、Avanti、SES、University of Surrey）联合成立了 SaT5G（Satellite and Terrestrial Network for 5G）联盟，该联盟旨在通过一系列的研究、开发和实验等工作，在 30 个月内探索出卫星通信和 5G 无缝集成的最佳方案，并在欧洲进行试用。

该星座目前尚未进入部署阶段。

7.5 "虹云工程"

（1）概述

"虹云工程"是由中国航天科工集团有限公司牵头研制的、覆盖全球的低轨宽带通信卫星系统。该工程计划发射 156 颗小卫星，在距离地面 1 000km 的轨道上组网运行，致力于构建一个星载宽带全球移动互联网络，以满足中国及国际互联网欠发达地区、规模化用户单元同时共享宽带接入互联网的需求。该系统将以天基互联网接入能力为基础，融合低轨导航增强、多样化遥感，实现通、导、遥的信息一体化。

（2）星座部署情况

2018 年 12 月 22 日，长征十一号固体运载火箭在酒泉卫星发射中心点火升空，成功将"虹云工程"首颗低轨宽带通信技术试验卫星送入预定轨道。

（3）应用方向

"虹云工程"的用户主要是集群的用户群体，包括飞机、轮船、客货车辆、野外场区的用户以及一些偏远地区的村庄、岛屿等地区的用户。无人机、无人驾驶行业等，都是"虹云工程"未来可能服务的行业。"虹云工程"的极低通信时延、极高的频率复用率、真正的全球覆盖，可满足应急通信、传感器数据采集以及工业物联网、无人化设备远程遥控等对信息交互实时性要求较高的应用需求。

第四章

卫星互联网的
关键技术

04

卫星互联网是通信技术和航天技术发展史上的新生事物，其涉及的新技术超越了传统卫星通信领域。

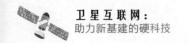
1. 大规模星座的运管控制技术

互联网卫星有两种实现形式，一种是传统的地球静止轨道卫星，另一种是用大量小卫星组成的低轨道星座。地球静止轨道卫星的管理模式相对成熟一些，只要把卫星发射到预定的轨道位置，然后让它基本保持静止不动就行了。但是低轨道星座就完全不同了，必须让整个星座保持相对稳定的几何构造，才能实现宽带通信的功能。考虑到低轨道卫星一般是以每秒 7 800m 的速度飞行，让整个星座保持相对稳定的难度是可想而知的。国外发明了一个新词来形容低轨道星座，叫作 Megaconstellation，意思是超大星座。

为什么一定要采用低轨道星座呢？在静止轨道卫星通信当中，信息从地球上的一点发送给卫星，然后再下传到接收者那里，要经过至少 72 000km 的旅程，耗时 0.24s。即使是在视频对话中，这样的时延也会明显影响交谈效果。在涉及互联网金融、股票交易等的敏感应用时，工程师们要为这一点时延付出巨大的努力。通过使用低轨道卫星，电磁波从地球的一端传输到另外一端只需要飞行 20 000km，耗时短，其传输速率甚至可能比光纤更快。根据世界上最大规模低轨道星座"星链"的前期测试，其信息时延只有 20ms，这有效改善了用户的体验。

但是在低轨互联网星座出现之前，人类部署的最大规模星座也就是 20 世纪 90 年代的铱星（见图 4-1），该星座拥有 66 颗在轨卫星。这个规模的星座可以支持语音通话，但难以支持上网服务。这是因为互联网卫星和地球上的移动通信基站具有一样的特性。一个基站只能提供一定数量的带宽，用户数量越多，每个人分到的带宽就越小，上网速度就越慢。所以人们有两种选择，一种是把低轨道卫星做得很大，每颗卫星都能提供大量带宽；另一种是把卫星做小，用大量小卫星来提供足够带宽。考虑到大卫星价格昂贵，一旦出现发射失败或者器件故障损失太大，人们最后纷纷选择了小卫星。

图4-1　美国国家航空航天博物馆展出的铱星

为了满足全球宽带上网的需求，计划中的几个小卫星星座规模都很大。其中加拿大的电信卫星公司"光速"星座仅针对船只、飞机、石油钻井设施等专业用户，所以规模比较小，只有 200 多颗小卫星。为全世界所有人提供服务的"一网"和"星链"就不同了，"一网"的规模可能达到

900 颗，"星链"更是达到了 42 000 颗。

这样巨大的星座，如果采取传统上的一颗一颗卫星单独测控的方式，就要设置海量的测控设备和测控人员。如果一颗卫星安排一个测控岗位，24 小时测控至少需要 3 个人轮换，那么"星链"就要雇佣 10 多万人来测控星座。而且当卫星飞行在无人区、海洋、沙漠上空的时候，不可能用地面测控站来进行测控。国际通信卫星公司的传统卫星控制中心如图 4-2 所示。

图4-2　国际通信卫星公司的传统卫星控制中心

另外，为了满足波束切换和干扰抑制方面的一些要求，星座的每颗卫星之间都要保持相对精确的几何关系，称之为编队飞行或者网络星座。卫星数量越多，间距就越小，对保持几何关系的要求就越高。因此，必须让卫星实现自主运行。

星座自主运行是指卫星在不依赖地面设施的情况下，自主判定星座的状态、维持星座的几何构型，卫星要自主完成飞行任务所要求的功能或操作。除非发生非常意外的事情，一般情况下不需要人力干预。

实现自主运行需要具备两个关键技术。

一是自主导航，需要卫星自主判断是不是飞行在正确的轨道上，如果有偏差，要能够自动纠正。二是自主控制，卫星要根据任务，自主控制卫星上的电力分配、热控制、姿态控制、通信有效载荷等工作。

可通过三种方法实现自主导航。第一种方法是测量自然数据，就是通过测量相对于地球、太阳、重要恒星的位置来确定卫星自身的位置，也可以通过测量地球磁场变化来确定卫星自身的位置。第二种方法是利用全球导航卫星系统。低轨道卫星一般飞行在 1 000km 以下，而导航卫星飞行在距离地球 20 000km 左右的高度。所以，低轨道卫星可以"看"到大量的导航卫星，利用导航卫星发射的导航信号确定自己的位置、速度。考虑到中国、美国、俄罗斯和欧洲都部署了自己的导航星座，空间导航信号非常丰富，为低轨道卫星的自主导航提供了良好条件。第三种方法就是利用星座内部相临卫星之间的相互沟通，彼此测量距离和方位，例如在卫星上安装激光发射器、接收器和反射镜，通过互相照射来确定彼此的相对位置。具体的实现手段有点类似于导航卫星定位，但服务对象只是星座内的卫星。

人们往往把卫星当作一个"多智能体系统"。所谓"智能体"，是一种可以根据外部环境、依赖自身"经验"，自主做出响应的软件体系。人类不需要对"智能体"输入具体的控制命令，只要输入一些高级命令，"智能体"可以将高级命令分解成具体的参数来执行。其中的区别就如同遥控飞机和真正的无人机一样。人们在操作遥控飞机的时候，要不停地晃动摇杆，不停地发出飞行控制指令。而真正的无人机只需要得到预先设定的航线信息，就可以根据气流、气压、姿态，自动输出飞行指令。低轨道的宽

带卫星并不需要灵活机动，只要让它们处于某一个固定轨道即可。

最早验证自主运行功能的并不是通信小卫星，而是美国 NASA 的"深空一号"探测器（见图4-3）。这颗探测器于1999年5月发射。在执行任务中，地面控制人员向航天器发送了一系列高级命令任务，而不是传统上的详细命令序列。航天器上的计算机把任务进行自主分解、规划、执行，同时还监视卫星上硬件的状况。试验取得了重大成果。

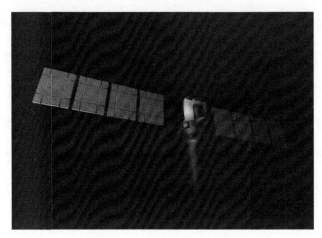

图4-3　"深空一号"探测器

星座的自主运行比单颗卫星的自主运行更复杂。每颗卫星之间要保持相对固定的几何关系。一般来说，用一颗或者几颗卫星作为参考卫星，其他卫星参考它们的实时位置来确定自己的飞行计划。互联网星座一般运行在低轨道上，由于受到地球非球形、大气阻力、太阳光压等摄动因素干扰，参考卫星的轨迹也会发生不断的变化，需要做出实时调整。其他卫星一方面要做出相应调整，另一方面还要考虑与其他卫星的相对位置，不发生碰撞。

比较有利的一面是，互联网星座中的卫星不需要大范围机动，只要按既定轨道绕地球旋转就可以了。因此在"铱星"研制期间，设计师们提出了一个"误差盒"的概念，卫星自主控制自己的各种运行参数，使其不超出这个"误差盒"的边界。每隔一星期左右，地面控制站就要更新一次卫星的星历，由此得出新的"误差盒"。根据理论研究，这种"误差盒"可以把卫星编队的间距控制得很近，甚至达到 50m 左右。但是天基互联网并不需要卫星之间距离那么近。比较有风险的位置是两个轨道面交叉的交汇点，只要在交汇点做好管制工作，就可以避免卫星彼此碰撞。

2. Q/V频段技术

Q/V 频段，是指 Q 频段和 V 频段两个电磁波区段。Q 频段频率范围在 40 ~ 50GHz，V 频段频率范围在 50 ~ 75GHz。这是民用卫星通信目前使用的最高频段。与卫星通信此前常用的 C 频段、Ku 频段和 Ka 频段相比，Q/V 频段的频率范围更大。

主要卫星通信频段分配见表 4-1。

表 4-1　主要卫星通信频段分配

频段	频率范围	主要用途
C	上行为 5.925 ~ 6.425GHz，下行为 3.7 ~ 4.2GHz	传统窄带固定卫星服务
Ku	上行为 12.75 ~ 18.1GHz，下行为 10.7 ~ 12.75GHz	传统窄带固定卫星服务和宽带固定卫星服务、广播卫星服务
Ka	26.5 ~ 40GHz	宽带固定卫星服务、广播卫星服务
Q/V	Q 频段（40 ~ 50GHz）、V 频段（50 ~ 75GHz）	宽带固定卫星服务

可以发现，Q/V 频段的频率宽度要远远大于其他频段，可为宽带互联网应用提供良好的资源基础。另外，Q/V 频段在地球静止轨道卫星上很少使用，也降低了高轨道卫星和低轨道卫星发生干扰的可能性。

但正是因为此前很少使用 Q/V 频段，带来了应用技术不成熟、关键器件需要从底层开始研发等问题。而且 Q/V 频段有一个比较大的问题，就是雨衰比 Ka 频段更加严重。根据波长与频率之间的关系，可以推算，Q 频段的电磁波波长是 6 ~ 10mm，V 频段的电磁波波长是 4 ~ 6ms。可想而知，降雨对 Q/V 频段的影响要比其他频段更严重一些。特别是在降雨比较多的南方，如果不采取有效措施，Ka 频段会发生通信中断的问题，同样条件下，Q/V 频段发生信号中断的风险更大。

卫星要获得强大的功率，离不开一个重要设备——功率放大器。卫星一般采用行波管功率放大器，该放大器具有高效率、高功率、抗宇宙射线等优点。行波管的原理，是通过电子注和微波场的相互作用，把输入信号的功率大幅度放大。目前各种通信卫星都采用行波管功率放大器。Q/V 频段行波管的研制起步时间很晚，因此产品种类比较少。在国外，美国 L3 公司和法国泰雷兹集团经过 10 多年的研究，各自推出了自己的产品。美国 L3 公司产品的最大输出功率甚至达到了 240W，泰雷兹集团产品的最大输出功率达到了 160W。欧洲研制的卫星 Q/V 频段通信试验载荷（内含泰雷兹集团生产的行波管放大器）如图4-4所示。中国研制 Q/V 频段行波管的起步时间更晚，北京真空电子技术研究所在 2019 年成功研制了 20W 的 Q/V 频段行波管，目前正在研制功率更大的 Q/V 频段行波管。

图4-4　欧洲研制的卫星Q/V频段通信试验载荷
（内含泰雷兹集团生产的行波管放大器）

　　Q/V 频段行波管在设计和制造上都有很大难度。在设计方面，行波管内部的工作电压很高，甚至能达到 10 000V，由此引发了一系列困难。在制造方面，Q/V 频段行波管的一些关键零件尺寸小、制造难度大、容易变形，需要开发全新的制造工艺。

　　迄今为止，已经有波音公司等多家企业提出了 Q/V 频段的星座计划。中国的银河航天（北京）科技有限公司在 2019 年年底研制出一颗通信能力可达到 10Gbit/s 的 5G 低轨宽带卫星，这是全球首颗 Q/V 频段的低轨宽带卫星。

　　星座完全部署之后，用户能享有更充足的卫星通信带宽，甚至能够达到 5G 标准也不是不可能的。

3. 高通量卫星技术

无论采用哪个频段，无线电频率资源都是非常有限的，如果把它平均分配给所有的用户，根本达不到"宽带"的效果。所以，人们发明了一种叫作"高通量"的技术。高通量卫星通信系统结构如图 4-5 所示。在传统的卫星通信上，人们往往通过精心设计天线系统，让发射出去的一束无线电波正好覆盖地球上的某一个区域。这个区域之内的所有用户，都可以使用同一段无线电频率，每个用户使用其中的一小段。但是如果覆盖的区域太大，区域内的每个用户能分到的频率资源就很少了。比如在传统的 C 频段通信中，每个波束覆盖区分享 500MHz 的频率资源，如果有 1 000 个用户，平均每人分到 0.5MHz，如果是 100 万个用户，每人只能分到 500Hz。假如用一个 C 频段的波束覆盖整个中国，那么平均每个中国人只能分到不足 1Hz 的频率，听起来有点少。但是，如果我们在卫星上多设置一个波束，让它能覆盖另外一个不相邻的区域，那么第二个区域内的用户还是可以分享 500MHz 的频率资源。如果再设施第三个波束，覆盖第三个不相邻的区域，那么第三个区域的用户又可以分享 500MHz 的频率资源，于是，人们想到了解决问题的新办法。

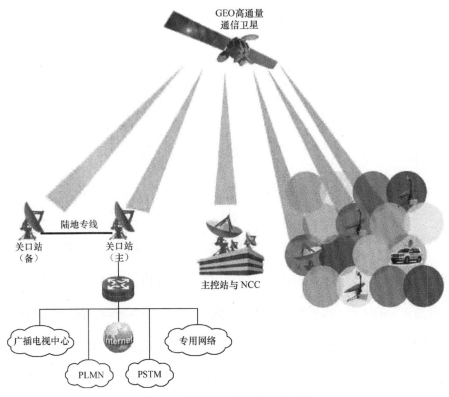

图4-5　高通量卫星通信系统结构

　　首先，把波束覆盖区缩小，这样就可以让少数人分享同样多的频率资源；其次，为每个波束覆盖区提供更多的频率资源，卫星不再采用C频段，而是更高频率的Ku频段、Ka频段乃至Q/V频段。这样分配给每个用户的频率资源就更多了。如果用20个波束覆盖中国，工作在Ka频段上，那么每个中国人平均可以分到193Hz的频率资源，比C频段多很多。

　　但是问题没有这么简单，为了让用户能正常通信，两个相邻波束覆盖区之间不能使用一样的频率，否则就会产生严重的干扰，覆盖区越小，这个问题就越严重。那么如何解决信号干扰问题呢？需要把频率资源切成几段，分别提供给不同的相邻区域。切的段数越少越好。那么到底应该切成几段呢？许多人可能都听说过所谓的"四色问题"，这个问题原本出现在绘制地图的过程中。如果要让两个相邻区域的颜色不同，那么绘制整张地图最少需要几种颜色？这个问题的答案是 4 种。所以，频段最少也要切成 4 种才能满足要求。如果切得太多，每个覆盖区内所能分配到的频率资源就会减少。

高通量技术在不同轨道的卫星上的使用方式是有很大区别的。

在传统的地球静止轨道卫星上，波束的形状都是固定的，称为"赋形波束"。根据电信领域的国际协议，一颗卫星如果没有获得某个国家政府的批准，就不能向这个国家投射波束、开通业务，否则会引发国际纠纷。另外，传统卫星波束的中心部分信号强、通信效果好，边缘部分信号弱、通信效果比较差。如果人们用波束中心对准人口密集、经济发达的地区，那么沙漠、海洋和其他人口稀疏的地区，就只能享受到信号不是那么强的波束覆盖。高通量技术出现之后，情况发生了很大的变化，人们可以用一个又一个很狭窄的波束，覆盖自己想要开通业务的区域。这种狭窄部署被称为"点波束"。在整个覆盖区内，用户可以享受到差不多的信号强度。泰国通信卫星公司的 IPSTAR 卫星，就是这类卫星的先驱。由于泰国通信卫星公司和中国达成了协议，IPSTAR 卫星还用 23 个波束覆盖了中国的部分地区，开通了相关业务。IPSTAR 卫星如图 4-6 所示。

图4-6　IPSTAR卫星

到了卫星互联网时期，"点波束"得到了继承和发展。公认的第一颗专门服务于互联网的地球静止轨道高通量通信卫星"卫讯-1"，就采用了72个宽带点波束——上网速度较快的波束，其中大多数波束覆盖了美国大陆，看上去就像普通地面移动通信的基站覆盖一样。另外有一部分波束覆盖了阿拉斯加。

在"卫讯-1"卫星运行区间，世界通信市场也发生了很大的变化。民航客机用户的需求得到了高度重视。以前人们在乘坐飞机旅行的时候，只能老老实实坐在狭窄的座位上，偶尔听听音乐、看看书。头等舱的VIP乘客能享受到卧铺或者美食。随着电子技术的进步，民航飞机的制造商们设法在座椅上安装了娱乐系统，乘客可以点播电影、玩游戏来度过无聊的旅程。近10年，人们一直在讨论民航机客舱如何上网的问题。有人发明了地对空通信设备，可在陆地上空飞行的时候提供网络服务。但当人们飞越大洋的时候，提供网络服务就只能依靠卫星了。航行在大洋上的渔船、游轮、货轮，也有同样的需求。所以，从"卫讯-2"卫星开始，人们采用宽带点波束覆盖大西洋北部。中国的中星-16、中星-20等卫星也是高通量通信卫星，用大量宽带点波束覆盖了中国周边海域。

除了静止轨道卫星，高速运动的低轨道宽带互联网星座同样要采用高通量技术，如"星链"星座、"一网"星座等。当然，因为低轨道卫星是会移动的，它所发射的点波束并不会覆盖地面的某个固定区域，而是不断变化。当这些点波束和地球静止轨道卫星发射的波束相重叠的时候，不可避免地会带来干扰问题。而且低轨道卫星距离地球只有1 000km左右，甚至更近，它们的波束功率肯定更强，很大概率会干扰静止轨道卫星。国际电信联合会为此制定了"静止轨道卫星优先"的政策，也就是说，一旦发生干扰，低轨道卫星要做出牺牲，保证静止轨道卫星的正常工作。干扰问题成为一些人质疑和反对低轨道星座的主要理由，也给整个通信系统的设计带来了更复杂的挑战。因此，作为大规模低轨宽带互联网星座的先驱，"一网"星座采取了一种非常复杂的抗干扰方式（见图4-7）。

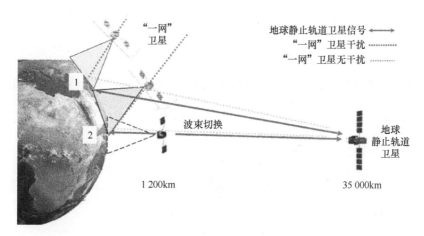

图4-7　"一网"卫星试图通过频繁波束切换来避免干扰高轨卫星

地球静止轨道卫星部署在赤道上空，用户要想和静止轨道卫星通信，就必须把天线指向赤道上方35 800km的地方。因为地球是圆的，所以不同纬度的用户，天线指向的角度不同。在赤道附近的用户需要把天线几乎垂直指向天空，而在寒冷地区的用户就要把天线向下压。如果进了北极圈或者南极洲，天线就要压到几乎和地面平齐的角度。不过好消息是，因为静止轨道卫星是几乎不动的，那么在地球上的某个具体区域，与它们通信的天线的指向角度——也叫作仰角——是可以固定的。这就给低轨道卫星

的设计者们带来了方便。只要低轨道卫星把平行于静止轨道卫星的波束关掉，将用户切换到星座里其他卫星的波束上。其他卫星的波束和静止轨道卫星的波束的角度差异很大，因此可以有效地避免干扰。这听起来很简单，但地球静止轨道上也有大量的通信卫星，有些卫星还有多个波束，所以低轨道卫星的波束切换工作还是很复杂的，需要通过精细计算和仿真才能确定方案。考虑到今后近地轨道上会存在不止一个星座，星座和星座之间的干扰如何解决，同样是一个非常麻烦的问题。

也正是因为如此，很多静止轨道卫星的业主听到"一网"星座的抗干扰方案会忧心忡忡，不相信这种方式真的能够发挥作用。但无论如何都不能改变高通量技术作为天基互联网关键技术的地位。而且由于低轨道卫星距离地面更近，每个点波束的覆盖区可以更小，能够为用户提供更多的频率资源、更快的上网速度。

当然，在低轨道卫星上使用高通量技术，需要地面上有相应的技术和设备来配合。在后文中会对这一内容加以阐述。

4. 星间链路技术

星间链路，就是在卫星和卫星之间建立起无线电通信或者激光通信手段，能直接沟通信息，这种技术对静止轨道卫星来说意义有限，但是对低轨道互联网星座来说意义重大。在 20 世纪，因为电子技术还不够发达，星间链路是一种很先进的技术，只有美国军方和 NASA 才能使用。NASA 发射了一种叫作"跟踪与数据通信"的卫星，部署在静止轨道上。因为它的位置很高，低轨道的侦察卫星飞行到地球的另外一端时，还是可以看到它。通过这种卫星，能把侦察到的数据直接发回美国本土。这个时期的星间链路设备昂贵、体积很大，民用通信卫星根本用不起。

到了 20 世纪 90 年代末期，美国在研制 GPS 星座的时候，美国考虑到战争中卫星地面站可能会被摧毁，不能给卫星提供控制信息，所以设置了星间链路，让 GPS 卫星彼此之间通过信息交换来实现自我校准。这种方式可以让星座保持 180 天精度不下降。20 世纪 90 年代末期，微软创始人比尔·盖茨曾经打算建立一个名为 Teledesic 的星座，为全球提供上网服务，这个星座预计会采用星间链路技术。虽然 Teledesic 没有建成，却为后来的互联网星座提供了很重要的思路。同时代的铱星系统虽然不是为互联网服务的，但是也采用了星间链路，可以完全不依赖地

面通信网络就能够实现全球组网。

如果没有星间链路，低轨道卫星就只能是一颗颗独立的卫星，要想访问地球另外一端的某个服务器，信息要从服务器向上发射，先进入一颗卫星，然后再下传到某个地面通信站，通过地球上的光纤传输到访问者所在位置附近的某个地面站，上传到它上空的卫星，再下传给用户。这个过程极为烦琐，如果卫星飞行在没有地面站的大海或者沙漠，就无法进行通信。

其实就算是在具有地面站的地方，卫星和地面站之间的通信也很麻烦。低轨道卫星的飞行速度超过每秒 7 800m，从地面站上空一掠而过，能通信的时间非常短。有些大数据量的任务甚至来不及完成，需要接力给下一颗卫星。

为了避免出现这种状况，人们不得不寻找新的办法。低轨道互联网星座虽然看起来绕着地球高速旋转，让人眼花缭乱，实际上每颗卫星都是按照严格设计的轨道运行的，彼此之间的位置关系可以精确预测。

特别是在同一个轨道面上，如果没有各种摄动因素的存在，卫星之间几乎是相对静止的，一前一后像环形轨道上的列车一样运行，这就为星间链路的建设提供了良好的条件。将每一个轨道面上的卫星覆盖区连起来就可以形成一个环绕地球的带状区域。如果在一个轨道面上建立起星间链路，那么它们覆盖的这个带状区域，就能实现不依靠地面站的连续网络访问了。

即使是不同轨道面之间的卫星，在任何时刻的相对位置也是已知的。所以，跨轨道的星间链路是可以实现的。只要不同轨道上的卫星能够用通信波束彼此对准就可以了。

星间链路的实现手段有射频和激光两种。射频星间链路采用300kHz ～ 300GHz 的频率。激光星间链路（见图4-8）就是两颗卫星之间采用激光实现通信。激光的指向性好、通信容量大，但是波束比较窄，只有精确地照射另外一颗卫星才能把链路架设起来。这对于间隔几千甚至上万千米的两颗卫星来说，要求很高。为了实现相互对准，需要为激光发射器配置高精度的瞄准设备。但低轨道宽带卫星一般都是小卫星，而且成本不能太高，所以实现起来难度不小。

图4-8　激光星间链路

世界上能够制造激光星间链路的企业并不多，其中一家企业销售的激光链路设备能够达到10Gbit/s 以太网的标准，在低轨道上可以工作5 ～ 7 年，

通信距离长达 8 000km。

星间链路在低轨道卫星上的应用并不是新鲜事。早在 1997 年投入使用的铱星系统，就采用了星间链路技术。如今，作为世界上进展最快的互联网星座，美国的"星链"星座采用了激光星间链路技术。

5. 主动电扫描相控阵技术

今天的互联网用户经常一边移动一边上网。例如可移动上网的手机，也离不开相关技术的支撑。无论 4G 还是 5G，工程师们在手机本身和基站天线设计上都采用了很多方法，才能保证人们一边移动一边上网。然而手机和基站的距离一般比较近，最远不过几千米，最近只有一百多米。到了 5G 时代，手机和基站之间的距离就更近了。而卫星互联网所面临的问题就要困难得多。

目前已经提出的几个天基互联网星座，轨道高度为 500 ～ 1200km。虽然这个距离比地球静止轨道的距离要近得多，但比地面基站到手机的距离要远很多。问题还不止于此，低轨道卫星的运动速度比地面上的手机用户快多了。早期地面移动通信设想的运动场景主要包括高速公路。如今还要考虑高铁等场景。但哪怕是民航飞机也达不到低轨道卫星每秒 7 800m 的速度。如何解决这些问题呢？

按照卫星通信行业的传统解决方式，会采用一种名为机械式自动跟踪天线的技术。这是为海事卫星通信发明的技术。海事卫星的服务对象是船舶和飞机，它们不但会沿着地球曲率移动，还会在海浪和气流中晃动。因此必须有一种手段使天线持续对准地球静止轨道上的卫星。机械式自动跟踪天线是比较先进的设备，不但体积大、价格高，还必须装在船顶上。机

械式自动跟踪天线（见图4-9）安装不便，通信速度也非常有限。在使用过程中，需要定期对机械设备进行检查和维护，需要掌握的专业技能非常多，如何让消费者使用呢？

图4-9　一种用于海上航船的机械式自动跟踪天线

这还不是全部的问题。机械式自动跟踪天线只有一个抛物面和一个馈源，只能对准一颗卫星。但是低轨道互联网星座要处理的问题比这复杂得多。前文中提到，因为飞行速度快，加上需要避免干扰，低轨道互联网星座经常需要切换波束。这就需要地面上的用户终端能够工作在多波束模式下。如果一定要用机械式自动跟踪天线来解决，每个用户就要装多个天线，而且使用的时候，天线会频繁摇摆，非常容易损坏。

因此，天基互联网的有关业界人士已经达成共识，必须用主动电扫描相控阵天线来承担卫星和地面站之间的电磁波收发工作。这种天线简称为AESA，最早用在雷达上。它的基本原理是把很多个微小的发射／接收单元按一定的几何规律布置在一块平面上，通过控制每个单元的电磁波相位和发射功率等参数，形成一个可以灵活控制的电磁波束。因为该天线完全是依靠计算机控制的，所以波束的方向、功率等调节和控制速度非常快。

随着技术的进步，发射／接收单元越来越小，如今已经能制作成芯片大小。

因为 AESA 具有阵面不动、波束可动的优点，得到了各国无线电电子相关部门的高度重视。但是由于它对收发器件、阵面、配套信号处理和计算机系统的要求极高，因此长期以来一直是国家航天部门和军方的专属品。近年来，随着技术的成熟和器件价格的下降，AESA 开始逐渐进入民用领域。

AESA 对地球静止轨道的互联网卫星通信也有很大的意义。原因正是前面提到的航空和航海用户。飞机上的空间本身就很宝贵，如果架设一个巨大的机械式自动跟踪天线，就要对机身结构做很大的调整，有一定风险，并且小型飞机还无法采用。船上倒是有比较充裕的空间来安装天线，但机械式自动跟踪天线的高价还是让很多人望而却步。AESA 为飞机和船只提供了一种体积很小、安装方便的解决方案。

按照论文《卫星移动通信相控阵天线研究现状与技术展望》的阐述，相控阵天线（AESA）采用电调式的方式调整姿态，其优点为体积小、重量轻、安装简单；其缺点为天线有效口径低、增益低、带宽窄、成本高。

曾经有一段时间，人们认为卫星通信相控阵天线采用了一维相控阵天线。天线本身可以旋转，因此只在俯仰方向采用相控阵波束扫描，在方位方向采用传统的机械扫描。这是因为当时的相控阵扫描范围不大，如果把天线装在飞机上，由于载体本身的高速运动，天线可能无法及时"抓住"卫星。但是机械扫描技术还是无法彻底解决天线高度高、结构复杂、机械系统需要维护和维修等问题。二维相控阵天线虽然技术难度大、工艺要求高，最终还是成了技术发展的主流。

目前国内外都已经出现了一些 AESA 产品。美国 Kymeta 公司研制了一种能用在汽车上的超薄 AESA（见图 4-10），可以兼容多种卫星通信系统。一网公司的地面终端把 AESA 和 Wi-Fi 结合在一起，用 AESA 和卫星通信，然后通过 Wi-Fi 向手机、平板电脑用户提供服务。为一网公司配套研制的卫星 AESA 天线如图 4-11 所示。"星链"星座推出了具有专利的碟形相控阵天线。国内的一些企业也在各种展会上推出了用于民航飞机的 AESA。这种天线由两部分组成，一部分用来发射信号，另一部分用来接收信号。虽然这种天线的价格有点贵，但这种天线代表着天基互联网通信的未来。按照一网公司的想法，当业务大规模开通之后，终端的价格可以降低至数百美元，家庭和小商户完全能够承受得起。"星链"更是号称要把终端价格降低到 499 美元。不但如此，一网公司创始人格雷格·怀勒（Greg Wyler）还投资了一家小公司，打算研制便携式的 AESA。这种天线小到可以装在口袋中，使用时它会自己找到卫星，然后以 Wi-Fi 形式提供网络接入。这种天线对野外活动者和旅游者非常有吸引力。

图4-10　美国Kymeta公司的超薄AESA

图4-11　为"一网"星座配套研制的卫星AESA天线

　　AESA 不仅会用于地面，也会用于卫星。在传统的地球静止轨道通信卫星上，人们可以看到大大小小的反射面天线。覆盖不同区域、使用不同频段，就要专门设置一副天线。然而对于低轨道天基互联网卫星来说，这就是不可取的解决方案。只有采用 AESA 才能解决多个波束频繁切换的问题。

　　AESA 能够实现多个速束频繁切换，很大程度上是由于电子计算机技术的发展。只有通过计算机的自主控制，AESA 才能实现波束的迅速形成和切换。

6. 卫星大批量生产技术

卫星一直都是非常昂贵的，静止轨道通信卫星价值好几亿美元，一般要用大约 30 个月的时间才能造出一颗卫星。前文说过，天基互联网卫星可以采用静止轨道方式运行，也可以采用低轨道方式运行。静止轨道的天基互联网卫星数量需求不算太多，卫讯公司到现在为止也只有 3 颗卫星。实际上，如果仅仅依靠静止轨道卫星市场，全球主要通信卫星制造商——波音、洛马、劳拉、空中客车、泰雷兹阿莱尼亚宇航公司、中国空间技术研究院、三菱是无法发展到现在的规模。

然而低轨道互联网卫星的建设需求就完全不一样了。根据现有规划，卫星数量最少的低轨道互联网星座也有 300 多颗卫星，"星链"星座的低轨道互联网卫星更是多达 4 万多颗。华为提出的 6G 星座，数量也达到 1 万颗的规模。这意味着 30 个月制造一颗卫星的模式肯定要做出重大改变。最早改变制造模式的并不是互联网卫星，而是 20 世纪 90 年代后期的"铱星""全球星"两个卫星星座，它们曾经达到每月 6 颗卫星的制造速度。

6.1 "技术岛"

阿莱尼亚公司（Alenia）在"全球星"的装配、总装、试验（AIT）

过程中采用了"技术岛"解决途径（见图4-12）。"技术岛"由工作站组成，每个工作站进行单——项AIT操作，每个"技术岛"执行一项明确的任务，彼此间可以并行工作。全球星生产线中包括8个"技术岛"：推进系统管路焊接专区、总装专区、精测专区、电测和热循环试验专区、太阳翼试验和振动试验专区、质量特性测试专区、包装和运输专区以及归零专区。每个"技术岛"都拥有专用的测试设备，以及具有高超技术的工作人员执行每项特定的AIT操作。质量评估/生产评估员将对所有"技术岛"进行监督，在生产期间进行高标准的质量控制。

图4-12 "全球星"卫星的"技术岛"

除"技术岛"外，阿莱尼亚公司还建立了存储区，该存储区可以向每个"技术岛"持续有效提供部件。"技术岛"布局的特点包括：每个"技术岛"可按资源与人力来自主确定规模；部分"技术岛"可以并行工作，缩短研制周期；每个"技术岛"都专门从事一项明确的工作，有效提高了工作效率；"技术岛"的格局具有较大灵活性，可在设备或产品出现故障时尽量减少中断时间。

鲍尔宇航公司强化对研制生产基地与生产设施的系统规划设计，3个主

要生产基地均按照 AIT 流程呈逆时针分布。组装厂区包括单机与分系统生产线和电子产品组装中心；集成厂区、测试厂区与组装厂区依次相连，中部为核心组件制造厂区。鲍尔宇航公司通过集成设施设备、优化布局，提高了效率，减少了制造、组装、集成、测试时间。除此之外，鲍尔宇航公司还针对商业卫星降低任务运营期费用的需求，在卫星设计制造过程加入卫星智能化的运控技术，优化在轨运营策略。鲍尔宇航公司通过需求分析确定卫星、控制中心和离线工具的操作自动化重点，以实现低成本运营。

6.2 柔性制造

推广柔性制造理念，增强生产线对任务变化的适应性，以柔性制造理念改革系统结构、人员组织、运作方式，使生产系统能对任务需求变化做出快速反应和制造能力的快速转换，达到按时完成生产任务，降低生产成本的目的。制造系统具有柔性体现在其对生产任务更替等外部变化和设备因故暂停等内部变化的适应能力，柔性制造系统以中央计算机控制机床和传输系统实现同时加工几种不同的零件。应用柔性制造系统能够提高生产线的柔性和效率，使其在保证产品质量的前提下，缩短产品生产周期，降低生产成本。

6.3 商业现货零部件

商用现货（Commercial off The Shelf，COTS）零部件一般具有较高的性能、较短的交货周期，但是往往以牺牲可靠性以及抗辐射能力为代价，对于商业卫星，选用 COTS 零部件是降低成本的潜在方式。

在铱星系统一期，摩托罗拉通信卫星事业部大量采用 COTS 零部件，根据其统计，各种来源的电气、电子和机电（EEE）器件构成如下：9% 的定制器件、25% 的 COTS 主动器件、27% 的 COTS 被动器件、5% 的高可靠主动器件、17% 的高可靠被动器件、2% 经过进一步筛选的 COTS 器件、15% 的特殊处理器件。摩托罗拉通信卫星事业部得出的结论是：许多 COTS 器件完全能够满足任务需求，但也有一些需要额外加固、降级和筛选，而一些关键部件则需要采用高可靠器件以提高效费比。摩托罗拉通信卫星事业部采取的主要措施包括：建立专门的选择程序筛选 COTS 供应商与产品；应用 COTS 零部件时需要在生产线上进行相应调整；对重点器件进行抗辐射评估。

6.4 高效的信息管理系统

搭建设计制造协同工作平台，实现航天器联合研制工程以 IPT（Integrated Product Team，综合产品小组）的组织形式、并行的研制流程、成熟的控制方法进行航天器研制。并行开展可制造性分析、工艺和工装设计、关键部件物料采购，提前进行生产准备，以产品结构为基础，进行模块化的、面向装配和制造的在线并行产品定义，建立集成产品、工艺、工装、检验数据的单一产品数据源。

建设数字化仿真模拟系统，协同管理卫星建设，基于数字化技术工具将生产现场细节情况进行数据采集与展示，通过建立管理知识库与优化生产模型将采集的生产数据进行自动分析，从而优化生产、合理调配资源、改善工艺、提高产品质量，为企业提供精细化的决策支持。摩托罗拉在建设铱星时，

采用离散事件仿真方法进行供应链和时间的管理。仿真整个供应链的动态，及时了解设计决策对上游及下游的影响，动态模型包含所有合作伙伴的工厂、运输方式和发射场，包含进度驱动、质量控制、灵敏度等要素，仿真可以明确周期、瓶颈问题、工具和要求。离散事件仿真方法可以评估由于进度和过程的变化对生产造成的影响。信息系统可跟踪记录与航天器生产和在轨性能相关的信息数据，据此优化航天器设计和虚拟工厂仿真，并为下一批卫星设定性能基线。

搭建数据管理系统，与合作伙伴共享相关制造信息，增强企业之间的信息联通，提高工作效率。开发支撑并行工程的软件平台，打造涵盖工艺、生产、质量、经营全要素信息的产品信息集成管理平台，打通纵向研制流程与横向供应商链路。广泛采用数字化制造与计算机模拟仿真，支撑项目性能、成本、风险综合分析与快速评估。阿莱尼亚公司为支持设备生产建立了局域数据管理系统（Data Management System，DMS），并与"全球星"的数据管理系统相连接。局域数据管理系统是卫星生产厂内部的一个综合信息系统，为 AIT 设备提供了信息接收、分类、储存、检索和分发的能力。卫星生产过程中各级别的设计、集成和试验数据都将被储存，获得授权的远程节点可以访问这些数据。在卫星生产过程中，分发和获得的信息包括：图纸，部件、材料和工艺清单，AIT 程序，集成／试验结果和工作记录，QA/PA 报告，不合格记录报告。在数据管理系统框架内，AIT 工厂的每一个"技术岛"都是一个节点，与系统相连，具有输入／输出的信息交换能力。通过数据管理系统，AIT 人员可以与设计人员紧密联系，对不一致问题进行实时决策。

全世界有很长一段时间都没有大批量制造过通信卫星，直到"一网"

星座计划提出后，承担制造工作的法国空客防务与航天公司必须面对如何短短几年内制造出 900 颗卫星的重大问题。

为了应对大规模星座交付和部署的压力，一网公司开辟了极具创新性的自动化生产线模式，以实现批量化、快速交付。整个生产线充分利用协作机器人、智能装配工具、自动光学检测系统、大数据控制系统、自动精准耦合系统、自动导轨传送机器人、自动加热分配系统、增强现实工具以及自动测试系统等数字化、智能化手段，加速 AIT 流程。新的生产线将达到 1 天生产 2 颗通信小卫星的能力。

一网公司的制造厂于 2017 年 3 月破土动工，到 2019 年秋季投产。根据计划，该厂要以每天两颗的速度生产卫星。工厂占地面积 22 万英尺（1英尺 ≈ 0.3048 米）。厂内有两条生产线，分别称为 FAL2 和 FAL3，以及一个面积为 73 000 平方英尺（1 平方英尺 ≈ 0.0929 平方米）的超净车间。自动化卫星生产线如图 4-13 所示。为了简化制造，"一网"星座的每颗卫星都是模块化的。卫星由 4 个模块组成，像盒子的 4 个侧面一样组合在一起。每一条装配线上有 4 个模块制造站。在每个站点，由制造工

图4-13　自动化卫星生产线

程师、机器人和"智能工具"组成的团队来实施制造工作。为提高效率，所有设备和组件都采用并行工作模式。这家工厂采用了名为自动导向车的机器人，该机器人可以把部件从一个工位移动到另一个工位，提高效率。

每一个模块建成后，都要使用自动导向车运送到组装站，然后集成卫星。

这家工厂还设有一家"医院"，如果卫星在装配或测试过程中发现问题，就将其送到"医院"。这样就可以在主装配线不中断的情况下进行维修。如果模块在一个小时内无法修复，就将其送回原始供应商，保证组装工厂的高效率。一网公司的卫星制造流水线图解如图4-14所示。

一旦卫星建成并完成初步测试，就要进入空间环境模拟器，进行为期两天的电气和环境测试。一网卫星工厂中共有32个实验室，可以同时进行实验。最后，将一网卫星公司验收的卫星放入集装箱中，运往发射场。

如果说一网公司的卫星制造速度已经很快了，那么太空探索技术公司"星链"工厂的制造速度更快。太空探索技术公司并没有透露具体的生产工艺和组织方式。但是在2020年3月，太空探索技术公司负责人马斯克在接受记者采访时表示，该公司制造卫星的速度已经超过了发射的速度。"星链"卫星采用了相对简单的设计，包括平板式的卫星本体、单个太阳翼、电火箭发动机，这样有利于大规模生产。据统计，2019年11月到2020年3月，太空探索技术公司平均每月发射1.3次"星链"卫星，每次发射60颗，也就是78颗。实际上，该公司的原定计划是每月发射两次、共120颗卫星，再考虑到可能的发射失败和卫星在轨失效，意味着该公司必须每天生产超过4颗卫星。2020年8月，太空探索技术公司向美国联邦通信委员会报告说，该公司的卫星产能已经达到了每月120颗。这可能是目前世界上卫星产能的最高纪录。

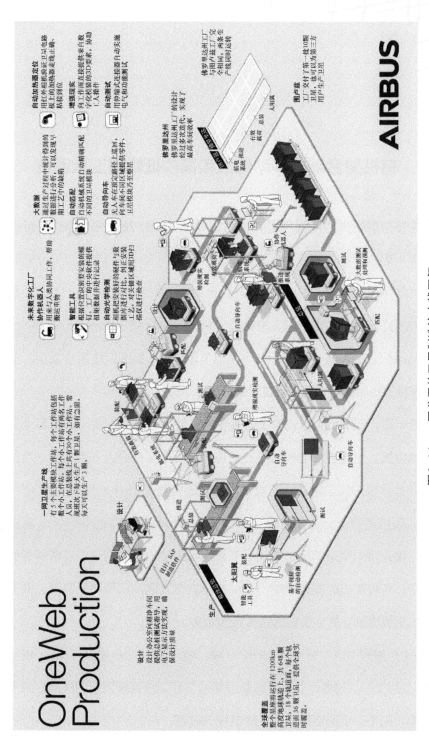

图4-14 一网公司的卫星制造流水线图解

7. 有机融合陆地移动通信和高中低轨道卫星通信

随着通信技术的发展，空间互联网与地面互联网融合成为新的发展趋势。

5G 广播和基于移动边缘计算（Mobile Edge Computing，MEC）是 5G 中的关键技术，既可以与地面内容分发网络（Content Delivery Network，CDN）结合应用，又可以与卫星广播 / 投递网络组合使用。前者无疑是卫星通信的挑战，后者则是机遇。

近年来，受 IPTV、OTT TV 的冲击，美国、西欧等发达国家和地区的有线电视、卫星直播电视行业的用户数和收入都呈现出下滑态势。这种态势充分体现在美国第二大卫星直播电视服务提供商 DishNetwork 的营业收入和用户数上。为了应对现实挑战，DirecTV、DishNetwork 这些主流卫星直播电视运营商都在加强卫星电视直播与卫星宽带、互联网通信的融合，积极实施跨媒体战略，提供基于宽带互联网和移动互联网，面向电视、平板电脑、智能手机的跨屏视频服务。

5G 广播和 MEC 需要与 CDN 对接，但未必一定是地面 CDN，也可以是卫星 CDN。与地面对接，就是卫星通信和卫星直播电视的挑战。与卫星对接，则是卫星通信和卫星直播电视的机遇。

随着信息网络天地一体化程度的不断加深，近年来，国际电信联盟（ITU）、第三代合作伙伴计划（3GPP）、基于 5G 的卫星和地面网络（SaT5G）联盟等国际标准化组织纷纷开始研究卫星互联网与 5G 的融合问题。3GPP 提出了内容投递、基站中继、固定宽带接入、移动平台接入 4 种应用场景。在 2019 年欧洲网络与通信大会上，SaT5G 宣布成功进行了一系列卫星 5G 演示，其中包括：利用卫星和地面集成网络进行基于 MEC 的无线分层视频流传输，验证了多接入 MEC 代理的比特率自适应、链路选择、分层视频流传输以及为 4K 视频用户提供增强体验质量等能力；利用卫星组播实现缓存和实况内容分发，利用 MEC 平台实现 CDN 与高效边缘内容分发的整合，展现了卫星组播在 5G 实况内容分发方面的带宽效率和成本优势。思科公司相关报告预计，到 2022 年，72% 的互联网流量将由 CDN 承载，这说明内容投递将成为一个巨大的产业。

卫星通信的独特优势是其天然具有广域广播功能，它的单层广播网络可以同时、等量向各地传输大容量多媒体内容。因此，发挥卫星通信的广播优势，大力开发卫星内容投递业务，将成为卫星通信行业技术和市场创新的重要方向。SaT5G 项目的成功演示表明，卫星内容投递与 5G 广播、MEC 结合应用具有可行性。与 HBBTV 相比，卫星内容投递与 5G 广播、MEC 之间不是一般的网络组合，而是浑然一体的结构融合。

低轨道卫星与 5G 融合，可以为移动用户提供连续不间断的 5G 卫星网络，可以为广大终端用户提供高清视频等分发服务，还可以为机器通信和物联网服务提供实时位置、状态等信息的传送。

5G 卫星网络可与地面 5G 网络透明连接，让用户无感切换天地 5G 网络，同时可为地面 5G 基站提供数据回传等服务。银河航天 5G 星座是基于 5G 标准的低轨宽带卫星星座，该星座计划由上千颗 5G 卫星组成，能无缝扩展地面通信网络，实现对陆地、海洋和天空的全覆盖，让用户可以高速灵活地接入 5G 网络。2020 年 1 月，银河航天公司首发星发射成功。银河航天首发星是我国首颗由民营商业航天公司研制的低轨宽带通信卫星，采用 Q/V 和 Ka 等通信频段，具备 10Gbit/s 的透明转发通信能力，可通过卫星终端为用户提供宽带通信服务。该卫星累计在轨 30 日后，成功开展了通信能力试验，完成了第一次低轨 Q/V/Ka 频段通信验证。2020 年 4 月，该卫星实现了 3 分钟卫星互联网视频通话。

目前，大部分商用低轨道卫星的通信技术基于欧盟 ETSI 的第三代数字卫星电视广播标准（DVB-S2/S2X）做进一步改进。它是在数字卫星电视广播基础上进行升级，以支持交互式互联网业务。与 5G 相比，DVB（数字视频广播）不具备移动性管理功能，没有核心网功能，频谱利用效率也不高。因此 DVB（数字视频广播）可以支持广播卫星业务（Broadcasting Satellite Service, BSS）和固定卫星业务（Fixed Satellite Service, FSS），但其支持移动卫星业务（Mobile Satellite Service, MSS）的能力较差。总之，DVB 和地面固定无线接入通信比较接近，与 10 多年前的 WiMAX 类似，不适合移动通信业务。另外，DVB 和地面移动通信系统没有兼容性，支持 5G 通信和 DVB 卫星通信两种模式代价巨大。

低轨道卫星通信系统可以采用 5G 关键技术设计，比 DVB 技术更先进，如在大带宽、灵活帧结构、信号波形、信道编码、波束传输、移动性管理、服务架构以及组网方式等方面，能充分借鉴地面 5G 系统的技术。

但由于低轨卫星通信系统与地面通信系统的差异很大，低轨道卫星通信系统无法直接完全复制 5G 技术标准。两者的主要差异表现在：卫星信道和地面信道的传播特性不同，卫星通信更容易受天气等因素影响；卫星高速移动引发时间同步跟踪性能、频率同步跟踪（多普勒效应）性能、移动性管理（频繁波束切换和星间切换）、调制解调性能等更多挑战；通信传播距离不同，卫星通信系统传播距离远，路径损耗大，传输时延长，对时序关系和传输方案造成新影响；卫星通信必须采用高指向波束以抵消传播损耗，而卫星的姿态和用户的天线方向随时都在发生变化，给系统设计带来新的挑战。另外，实现星间链路还面临卫星星座动态重构、瞄准与跟踪问题。

基于 5G 的低轨道卫星通信必须对 5G 部分关键技术进行适应性的改进和针对性的优化设计，包括卫星通信信道特有的大路损、高时延、大多普勒频偏、快速多普勒频偏变化率、LOS（Line of Sight，视距）、频繁波束切换和星间切换、卫星姿态变化、毫米波信号的空间特性、高频相噪等特点。但基于最大限度复用 / 兼容地面 5G 技术标准的原则，低轨道卫星通信系统在指标体系定义及空口技术规格定义上需要做相应的适配，如采用双向时延无关的 FDD（Frequency Division Duplexing，频分双工）模式，具有较低峰均比（Peak to Average Power Ratio，PAPR）的 DFT-S-OFDM 波形，可兼容大多普勒频移的最小 120kHz 子载波间隔，针对 LOS 信道简化传输模式的单流传输、多途径星历参数及卫星姿态信息更新等技术。

6G 的核心愿景是天地融合通信。在可预见的未来，卫星互联网将参

与 6G 网络的整体建设，它是目前 6G 确定性最高的技术之一。其中，低轨道卫星互联网是重点发展方向，将成为最有应用前景的卫星移动通信技术之一。此外，由于空间轨道资源和频谱资源的稀缺性，空间信息资源已成为各个国家的重要战略资源。卫星通信技术已纳入 ITU 和 3GPP 的研究和规范标准中，标准化进程有望加速。

5G 网络采用"毫米波"频段，毫米波在具备高速率、高带宽的同时，也存在损耗大和传输距离短的缺陷。通信卫星在 6G 时代意义非凡。工业和信息化部 IMT-2020（5G）无线技术工作组的组长粟欣曾透露，就目前来看，5G 在物联网的应用还不太理想，6G 可能会在这个场景上扩展到更广泛的层面、更大的空间，比如移动卫星，实现网络的地空全覆盖，实现真正无所不在的任意设备之间的信息传输，从而迎来真正的万物互联时代。美国联邦通信委员会已一致投票决定开放"太赫兹波"频率段，该频率段为 95GHz ~ 3THz，可能用于 6G 服务。目前业界普遍认为，未来 6G 将为通信提供更广阔的发展空间，卫星通信将发挥重要甚至关键的作用。

移动通信每 10 年出现一代革命性技术，一般是开发和商用一代，同时预研下一代。在 5G 开始商用、方兴未艾之际，开启 6G 研究适逢其时。目前，国际上各设备商、运营商和研究机构都已经开始部署与 B5G（超 5 代移动通信系统）和 6G 相关研究。

6G 技术将融合陆地无线通信、高中低轨道卫星通信以及短距离直接通信等技术，融合通信与计算、导航、感知、智能等技术，通过智能化移动性管理控制，实现全球立体泛在覆盖空、天、地、海的高速宽带通信，如图 4-15 所示。6G 的理想目标是实现任何人、任何物在任何地点、任何时间的无缝通信。通过空天地一体化发展，6G 将实现在网络、终端、频率、技术方面的高度融合，为信息通信市场和应用提供更广阔的创新空间。

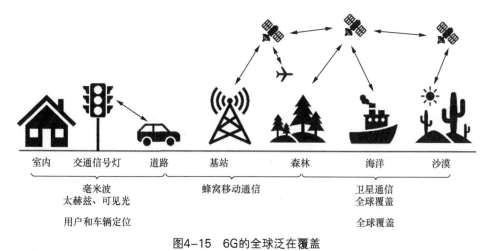

室内	交通信号灯	道路	基站	森林	海洋	沙漠

毫米波
太赫兹、可见光

用户和车辆定位

蜂窝移动通信

卫星通信
全球覆盖

全球覆盖

图4-15 6G的全球泛在覆盖

6G 将建立泛在的移动通信网络，国际上对卫星通信与5G兼容的前期探索，将为未来的6G有机融合高中低轨道卫星通信与地面移动通信发展打下坚实的基础。未来卫星通信与6G融合主要包括以下6个方面：一是标准体系融合，指一种通信技术标准体系可兼容卫星移动通信与地面移动通信；二是终端融合，用户终端采用全网统一标识和接入，进行统一管理，不再区分卫星系统与地面系统；三是网络架构融合，网络体系架构与控制管理机制统一；四是平台融合，天基和地基网络采用一体云化平台结构；五是频率利用融合，通过频谱感知、协调、共享以及干扰规避方式实现，地面和卫星频谱共享共用；六是资源管理融合，通过采用地面、卫星或联合传输方式，实现无线资源管理协同控制与分配。

第五章

卫星互联网的
主要应用

05

卫星互联网覆盖范围广、通信系统容量大,可以弥补地面通信的不足。当前偏远和欠发达地区人口稀少,通信基础设施薄弱,但大规模建设地面网络系统投入巨大,投资价值却不明显,卫星互联网则能够为这些区域和人口提供低成本的网络覆盖;地面网络尚无法连接海域和空域,航海、航空等特殊用户的通信需求不能被有效满足,卫星互联网则可以提供有效解决方案;卫星互联网还可以作为因重大自然灾害(如地震、海啸)导致运营商网络通信中断时的应急通信方式。

1. 个人互联网接入

截至 2020 年年底，受地区经济、技术水平的限制，全球仍有 49% 的人口尚未实现互联网覆盖，特别是大部分非洲人口依然没有接入互联网。截至 2020 年 10 月，我国的互联网普及率为 70.4%，全国仍有近 2% 的行政村未通光纤和 4G。低轨道卫星距离地球 300 ~ 1 200km，其组成的卫星互联网信号强度大、时延低、灵活性强，作为地面移动通信的补充，具有极强的优势。卫星互联网可为地面网络覆盖不到的地区提供宽带上网服务，重点解决偏远地区 30% ~ 40% 人口的宽带上网问题。用户仅需购买通信终端即可获得宽带通信服务，通信服务费用低。传统的卫星通信系统以出租转发器为主，为此需构建专用通信系统，并提供相应的服务保障，通信费用较高。因此，在这一领域，全新设计的宽带互联网卫星及星座占有较大优势，是未来重点的发展方向。

在地面网络覆盖不到的区域，卫星互联网的潜在应用场景多，商用价值大，存在巨大的市场机遇。卫星互联网可有效弥补地面网络的"数字鸿沟"，为全球众多场景、领域提供互联网接入服务，进一步深入民生领域，实现万亿级产业发展。

SpaceX 公司从 2020 年 10 月底开始在美国对其"星链"互联网服务

启动公开 beta 测试。SpaceX 公司将服务邀请发送给在 Starlink 官网上请求可用性更新的部分用户和居住在可用区域的用户。2020 年 11 月中旬，该公司又获得了加拿大监管机构的批准，可在该国境内提供"星链"卫星互联网服务。测试者需要支付每月 99 美元的基本费用，同时还要支付 499 美元的前期费用才能获得包括终端接收设备、三脚架和 Wi-Fi 路由器在内的星链设备。SpaceX 公司计划将约 1.2 万颗通信卫星发射到轨道上，为地球上的用户提供宽带互联网服务。除了已经获得批准的近 1.2 万颗卫星，该公司还将申请发射 3 万颗卫星。

尽管 5G 时代已拉开序幕，但当前全球网络的覆盖仍面临着巨大的挑战，地面基站很难覆盖沙漠、海洋等所有区域，低轨宽带通信卫星可以解决全球网络覆盖和接入的难题，有望让全球处于信息贫困的 40 亿人畅享网络。

陆地移动通信基站的分布密度与人口密度的地理分布、经济发展状况是正相关的，从 1G 到 4G 都是这样。人口密集、经济发达，则基站密度高；反之，人口稀疏、经济落后，则基站密度低。另外，基站优先建设在人口密集和经济发达的城市和工业园区等，然后再扩展到人口相对稀疏、经济欠发达的郊区和农村。

5G 的目标是服务于千行百业和万物互联，未来 5G 基站分布将取决于人口分布或行业应用需求。矛盾点就在于人的活动空间是相对集中的，而行业应用中需要通信与监控的物体在地理与空间分布上是相对分散的。某些行业应用需求是 5G 很难实现的，特别是空中飞机及无人机、海上油井和船舶、森林防火及野生动物的视频监控、天然气管道及电力线路和铁路沿线的巡检、边境线的防控等应用场景。在陆地的物联网行业采用 5G 覆盖，但其收入规模与 5G 建站和运维成本不相匹配，商业模式面临很大的挑战。这就给低轨道卫星通信带来了商机，低轨道卫星可实现全球覆盖，且成本敏感性与行业应用的地理位置和通信接入点区域密度没有直接相关性，特别是对于低密度用户接入场景下的宽带互联和通信更具优势。卫星互联网的应用示例如图 5-1 所示。

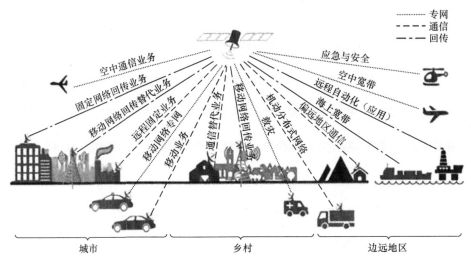

图5-1　卫星互联网的应用示例

低轨道卫星通信面向特定区域、特定用户群和特定应用，市场前景十分广阔。总之，低轨道卫星通信全覆盖的优势与 5G 互补，可以覆盖无法建设和运行 5G 的空中、海洋、沙漠、山区、森林等区域。

由于技术和经济因素，3G、4G 已经在全球范围内造成了"数字鸿沟"问题，如偏远地区居民没有获得移动通信服务和互联网接入，未来 5G 可能会进一步扩大"数字鸿沟"，卫星互联网能够以相对低的成本为偏远地区居民提供通信服务和互联网接入。

此外，与地面移动网络的服务价值链相比，卫星网络运营商可以通过减少运营和业务支持成本，提供全球互联网服务。部署大量低地球轨道通信卫星可以提供无处不在的卫星上网或有效的全球通信等服务，这一优势将在今后更加凸显。此外，未来云计算资源也可能在太空中部署。因此，基于卫星资源的互联网业务模式，将比地面互联网更加高效。

2. 航空平台接入

　　作为卫星通信的重要应用场景，民航领域的航空互联网有着广阔的发展前景。世界各国对航空互联网开展了长期广泛的探索，民航业发展较为成熟的美国、欧洲相继推出了技术方案，并在近 10 年的发展历程中形成了广阔的市场空间，奠定了深厚的用户基础。随着我国民航业发展水平的不断提升和相关监管政策的逐渐放开，航空互联网即将迎来大发展，并加速带动上下游产业形成规模可观的价值集群。

　　近年来，航空机载通信逐渐由空对地通信（Air to Ground，ATG）向卫星 Ku/Ka 频段过渡。不断提升的网络带宽和服务能力，可以满足用户日益丰富的机上需求，为用户带来更加便捷丰富的机上互联网体验。同时，飞机前舱、后舱通信不断涌现的应用场景，有力支撑了乘客使用及航班运控管理等需求，并衍生出内容生产分发、设备制造维修及智能服务等众多上下游需求，对产业需求的牵引带动作用十分明显。国际航空互联网市场渐趋饱和，国内航空互联网市场发展潜力巨大，我国民航公司机队规模、数量不断增长，机载网络需求规模巨大，有望带动亚太地区成为全球最大的航空互联网市场。

　　Gogo 公司于 2008 年 7 月在美国航空（Amercian Airlines）的航线

上率先安装了基于 ATG 技术方案的航空互联网接入设备，到 2012 年 6 月，
Gogo 公司的设备累计接入了超过 10 家航空公司的千余架飞机。2013 年 1
月，Gogo 公司首次将 Ku 频段卫星连接引入航空互联网服务，并于 2014
年 4 月推出了基于卫星连接的 2Ku 服务并在世界范围内推广，卫星连接成
为 Gogo 旗下主流的航空互联网技术方案。2010 年 6 月，美国西南航空公
司率先在机上安装了基于 VSAT 技术的 Ku 频段卫星通信系统，向用户提
供网络接入及基于宽带互联网的应用服务产品，阿拉斯加航空、维珍航空、
捷蓝航空、日本航空等多家航空公司纷纷跟进，基于卫星通信的航空互联网
服务逐渐普及。目前全球共有 70 多家航空公司提供了机载网络接入服务，
全球民航客机机上联网比例达 39%，北美地区 83% 的飞机已实现机上联网，
其他地区机上联网的比例也超过了 28%。美国卫讯公司（Viasat）也积极
推进航空互联网发展。2011 年 4 月，卫讯公司与捷蓝航空公司签署战略合
作协议，向其提供机上 Ka 频段卫星互联网接入服务。随后，卫讯公司先后
收购了从事机载宽带的 SKYLink 和 Arconics，布局机上增值服务。卫讯公
司通过自主研发、投资并购与战略合作，迅速完成了航空互联网领域的业务
开发和市场拓展，率先探索出了成熟的航空互联网商业模式。

我国民航客机机载网络接入业务起步较晚，航空互联网目前尚未实现
商业化运营。2011 年 11 月，国航首架搭载机上局域网的航班实现首航，
乘客能够访问机上局域网的内容；2013 年 7 月，国内航空公司借助海事卫
星通信系统首次实现了机上互联网接入，中国民航首次提供机上全球卫星
通信互联网服务。工业和信息化部向机载通信试验开放卫星通信业务试验
牌照，众多电信运营商积极开展航空互联网探索。2014 年 7 月，中国电

信首次提供了基于 Ku 频段卫星的航空互联网体验服务。中国电信航空互联网服务系统结构如图 5-2 所示。2015 年 11 月，中国移动、中国卫通、环球航通签署了航空互联网试验合作框架协议。2017 年，中国联通成立全资子公司"联通航美"，专业运营机载通信业务，并于 2018 年与欧洲通信卫星公司达成合作意向。2020 年 1 月 5 日，我国首架部署 Ka 频段机上互联网的民航客机试飞成功，本次试飞采用了我国首颗

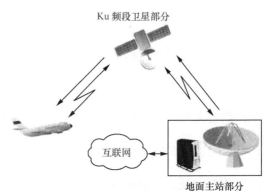

图5-2　中国电信航空互联网服务系统结构

Ka 频段高通量通信卫星中星 16 号（见图 5-3）作为通信手段，每架飞机带宽可达 150Mbit/s。2020 年 7 月 7 日，我国第一架高速卫星互联网飞机——青岛航空 QW9771 航班成功首航，本次航班搭载了中星 16 号卫星的高速互联系统，飞机在万米高空中可以实现百兆以上的高速率联网，本次航班还实现了国内民航史上的第一次空中直播。

图5-3　中星16号

娱乐内容分发是航空互联网的重要应用场景，为航空公司和网络运营商带来了全新的增值服务收入来源。与传统机上局域网提供的本地内容相比，航空互联网能够为乘客提供直播、视频、实时信息推送甚至在线游戏等服务，能够显著吸引乘客的兴趣。对于航空公司而言，接入互联网的机上内容服务能够使其避免付出高额成本购买陈旧内容版权的尴尬境地，航空公司只需要采购内容采编服务使内容达到机上广播标准，即可提供高质量的机载娱乐系统服务。机上娱乐内容分发的不断发展让航空公司和网络运营商能够充分带动内容供应商、设备制造商等产业上下游参与方，共同构建合作共赢的航空互联网服务生态。

智慧飞机是民航业应用网络通信和大数据等最新技术的系统实践。机载网络互联在服务乘客的同时，也被应用于优化航班运营管控模式中。新一代飞机将作为联网节点，向机组人员、客舱服务人员和地面人员提供数据通信，用于改善维护和运营，全面提升服务质量。后舱乘客的使用数据与地面信息系统互通，帮助机上服务更好地定位乘客需求，降本增效的无人客舱服务将成为可能。前舱驾驶员能够全面系统掌握飞机运行状况、航路天气状况、飞行轨迹状况等数据，提升飞机的飞行操作质量和安全航行水平。地面维护人员能够全面掌握飞机的飞行状况，精准监测飞机的健康状况，提高维护服务质量和飞机运行寿命。地面调度人员基于飞行大数据做出最合理的飞行调度安排，优化航空整体运行状况，智慧飞机将推动民航业智能化水平的提升。

3. 航海平台接入

卫星互联网为海上交通提供了很大的便利，进而使得海上交通更加高效，安全性更有保障，还实现了能够覆盖全球的卫星数据通信。海上宽带业务的不断出现，为海上通信提供了基于 IP 的宽带服务项目，此外，人们在海上还能够享受高质量的流媒体 IP 服务。

1976 年美国先后向大西洋、太平洋和印度洋上空发射了 3 颗海事通信卫星，建立了世界上第一个海事卫星通信站，主要服务于海军。1979年 7 月，在联合国国际海事组织的倡导下，由美国、英国、中国等 30 多个国家共同发起创立了国际海事卫星组织（INMARSAT）（现更名为国际移动卫星组织）。1982 年该组织建设了第一个具有全球通信覆盖能力的国际移动卫星通信系统，即第一代海事卫星通信系统，以其高可靠性、全天候、全球覆盖能力，成为海上航行安全最主要的保障手段，也是唯一被列入全球海上遇险与安全系统（GMDSS）的移动卫星通信系统。目前，海事卫星通信系统已经发展到第五代。

海事卫星通信系统在我国的应用发展始于 20 世纪 70 年代后期，从20 世纪 80 年代初起我国便开始了建立太平洋和印度洋两个洋区的 A/C 标准海事卫星地球站的准备工作。1991 年 6 月，我国在北京建成开通了海事卫星地球站 INMARSAT-A 标准地球站，覆盖太平洋和印度洋两个洋区，为这两个洋区内的海上和陆上用户提供移动卫星通信业务；1993 年 7 月，我国的 INMARSAT-C 标准地球站正式开通，提供双向存储转发电文和数据信息通信业务。该地球站为太平洋和印度洋两个洋区内的国内外用户提供移动卫星通信服务，业务范围包括电话、电传、传真、数据通信、遇险专线等。1997 年 7 月，我国的 INMARSAT-B/M 标准海岸地球站投入运行，服务于我国船舶航行密度大的印度洋和太平洋。A/B/M 标准站可以提供太平洋、印度洋、大西洋东区和大西洋西区四个洋区内的数字电话、电传、传真、遇险专线、低中高速数据通信业务，从而实现了全球移动卫星通信服务。2003 年 10 月，北京海事卫星地面站 INMARSAT-F 系统正式开通全球移动卫星通信服务。

但是，传统海事卫星服务的带宽非常小，只能满足应急需求，无法承担宽带互联网的应用。

全球多家卫星通信企业对于海上宽带互联网做了积极尝试。2020 年 1 月，鑫诺卫星通信有限公司（以下简称"鑫诺卫星公司"）完成了"海星通"全球网络的扩容，新增南印度洋区域覆盖，实现了南印度洋海域主要航线及渔场覆盖。该波束的正式投入使用，满足了南印度洋航线以及在印度洋区域作业船舶的通信需求。鑫诺卫星公司的"全球网"是自主可控的全球卫星宽带通信网，已覆盖全球 90% 以上的主要航线。

卫星通信企业对海上宽带互联网的尝试为宽带卫星互联网在海事领域的广泛使用奠定了基础。

海上互联网平台的重要应用场景包括：第一时间更新电子海图／天气

预报，利用海上宽带业务事先整理一些电子海图以及各种气象海图，把相关数据事先导入船上的设备中，然后再利用海上的宽带 IP 通道实现网络的连接和使用，在船舶行进的过程中，不断更新下载数据，然后第一时间导入海图系统，相关的人员可以清楚地看到船舶行进的具体情况，避免一些危险情况的发生；船舶管理系统对接，船舶一旦安装了海上宽带系统，就可以利用其 IP 技术进行交流，不同的船舶之间可以随时和船岸系统进行对接，彼此的信息能够在第一时间同步更新，然后实现信息共享，能够从根本上提高企业对于船舶航行的管理质量；远程视频系统对接，船舶在大海上航行时，安全问题是重中之重，船舶视频监控对安全航行尤为重要。船舶视频监控系统主要通过驾驶台的硬盘录像机与所有的舱外云台摄像机连接，所拍摄的视频画面可在硬盘录像机中不间断录像并自动保存，还支持画面远程传输与本地输出，远程传输可使岸上的工作人员通过卫星 IP 网络远程观看硬盘录像机记录的实时画面，本地输出将拍摄画面实时输出到驾驶台的视频监视器，使船上的工作人员实时了解岸上远程视频监控的画面内容。另外，在船上会议室安装视频会议终端，将船上的视频监控画面作为一路视频信号输入到视频会议终端，由宽带卫星链路与岸上的视频会议系统互通，可以在船、岸之间进行便捷、高效的视频会议；船员通信系统，能够使船舶局域网以及岸基实现一个良好的对接，船员在使用 IP 技术时，可以做到完全不影响船舶的其他通信工作，船员可以在任何时候与自己的家人和朋友进行信息交流，最大限度地满足了船员对通信的需求。

在海事应用领域，低轨道卫星通信系统目前主要应用于船只跟踪、浮标监测和跟踪、卫星船舶自动识别系统（Automatic Identification System，AIS）3个领域。渔民出海时，在离开陆地一段距离后，只能通过卫星电话与外界联系。卫星电话存在资费贵、稳定性一般的缺陷。利用低轨互联网星座，不仅可以大大降低资费，而且可以随时随地进行文件传输、视频通话、网络直播等，满足广大渔民的海上网络通信需求，具有潜在的广阔市场。

4. 能源平台接入

随着技术的发展，人类逐步开始在海底、沙漠等人烟稀少、通信基础设施落后的偏远地区进行能源勘探和开采，其间离不开通信基础设施的支持，但光纤等地面基础设施很难到达这些偏远地区。能源勘探人员要对具有开采前景的矿产地进行实地勘察，确定资源储量及开采深度，这期间会产生大量的数据和图片，需要通过固定或移动卫星设备将这些信息传回公司总部，再由专家开展复杂的数据分析和后续的决策。另外，对于远在千里之外从事危险作业的工作人员，公司总部也需要实时了解他们的状况，需要保持每天 24 小时通信畅通。网络接入、视频会议、信息共享等都需要相当大的带宽容量。对于通信基础设施落后的偏远地区，卫星通信在很多情况下是唯一的通信方式，卫星互联网的介入对于能源勘探和开采行业具有重要意义。

根据咨询机构北方天空研究（NSR）公司最新发布的 Energy Market Via Satellite 报告，到 2022 年，能源勘探和开采领域将给卫星通信运营商带来每年 22 亿美元的销售收入。在带宽需求方面，到 2022 年，能源开采领域对卫星通信容量的需求将达 25Gbit/s，会引发所谓的"带宽革命"。在国外，有多家卫星通信公司已经开始重视这一市场。SpeedCast 是目前国外油气开采通信领域的重要服务商。SpeedCast 最初属于 AsiaSat，2012 年 TA Associates 公司成为 SpeedCast 的大股东。SpeedCast 公司通过租赁 Intelsat 公司的转发器，以及与 Thuraya、O3b 等运营商签订战略合作协议，获得开展业务的必要基础设施。同时，SpeedCast 通过多起并购扩展了其业务范围，2015 年年初，SpeedCast 收购了澳大利亚卫星通信公司和 Pactel 国际公司，获得在澳大利亚 VSAT 市场的领先地位。2015 年 2 月，SpeedCast 宣布收购非洲的卫星通信服务商 Geolink，用以增强其对快速发展的能源开采行业通信需求的满足能力。为了掌握全球能源行业的最新、最权威动向，SpeedCast 在美国得克萨斯州的休斯敦开设能源开采服务分部。截至目前，SpeedCast 为美洲、非洲、亚洲和大洋洲的 35 个国家的 150 多家在偏远地区进行油气能源勘探和开采的用户提供卫星通信服务（见图 5-4）。在满足偏远地区油气能源勘探和开采的通信服务领域，除了 SpeedCast 外，还有多家公司也在积极参与。Hermes 数据通信公司（2015 年被 SpeedCast 收购）针对能源开采市场的通信需求，与 O3b 公司开展战略合作，充分利用 O3b 独特的 MEO 卫星通信时延低的优势，巩固和扩大其油气能源开采服务市场，实现两者的优势互补。此外，Harris CapRock 通信公司新推出了名为 "Pulse" 的 VSAT 服务，为海上及深水采矿人员提供通信服务。Pulse 可以按需动态分配卫星带宽容量，满足用户对高速、灵活和大容量的需求。在中国能源战略调整的大背景下，国内能源勘探和开采行业将逐步重视低排放能源的开采，对通信服务有巨大的潜在需求，这将为我国的卫星通信服务提供商提供巨大的商机，卫星通信行业应当对这一服务领域加以重视。

图5-4　SpeedCast为钻井平台提供卫星通信服务

4.1　海上石油平台个人互联网

个人互联网应用基于海上油田生产办公网、生活用网分离的设计思路，即生产办公网数据通过传统的 C、Ku 频段卫星通信链路传输，生活用网数据通过 Ka 频段高通量卫星通信链路传输，以达到生产办公网和生活用网双网完全分离的目的。中海油信息科技有限公司上海分公司的 Ka 频段高通量卫星通信系统，在固定油田和移动勘探钻井平台分别使用便携式固定卫星天线和自动跟踪天线建站，系统容量支持 150 个宽窄带业务连接，卫星调制解调器后端连接流控设备和无线 AP，无线 AP 可支持 250 个手机、iPad 等移动终端用户、PC 用户连接，测试过程中最多可实现 90 人同时在线。中海油信息科技有限公司上海分公司的 Ka 频段高通量卫星通信系统拓扑结构如图 5-5 所示。

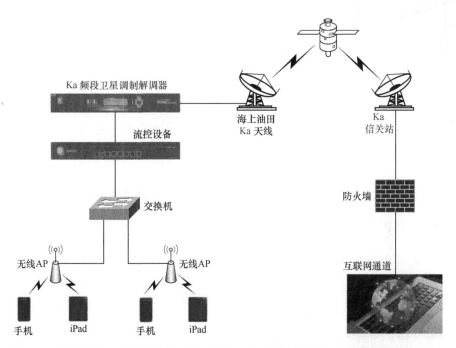

图5-5 中海油信息科技有限公司上海分公司的Ka频段高通量卫星通信系统拓扑结构

通信链路陆地端落地在 Ka 信关站，然后通过防火墙出局访问互联网。Ka 频段高通量卫星在海上的多个油田已经部署商业应用，效果很好，下行带宽达到 83Mbit/s，根据海上油田的实际需求，上行申请的带宽较小，达到 4Mbit/s，虽然中国海域的很多海上油田在 Ka 频段高通量卫星覆盖的边缘，但是接收信号和信道传输性能良好。生产办公网应用在个人互联网的基础上，通过使用 IPSec VPN 建立隧道的方式进入企业内网，用海上油田生产办公电脑接入 Ka 网络，测试 Ka 网络使用 IPSec VPN 接入企业内网后的办公应用情况。从测试情况来看，该测试验证了 Ka 频段高通量卫星宽带网络可以满足海上油田企业内网的生产办公需求，各项系统应用均能够正常访问。

4.2　海上油田信号覆盖应用

海上油田距离岸基较远，国内三大运营商的手机信号无法覆盖，受限于海陆通信的带宽影响，多年来海上油田一直没有部署手机信号覆盖基站。在 Ka 频段高通量卫星商用后，中国海域的部分海上油田部署了运营商基站，通过 Ka 频段高通量卫星的带宽网络回传陆地，接入运营商核心网络，运营商的手机信号在海上油田完成覆盖，并且基站能够覆盖油田周边几公里的海域，方便周围的作业船舶工作人员使用。一线员工从此可以通过手机拨打电话、接收消息等，极大地丰富了员工的业余生活。

4.3　海上油田应急通信应用

多年来，受海陆通信带宽影响，陆地指挥中心一直通过电话、邮件等非可视化方式对海上油田进行应急指挥，海上油田一直不能与陆地指挥中心很好地进行联动指挥。Ka 频段高通量卫星在海上油田的应用，使得海陆应急联动指挥成为可能。海上油田建设的内部融合通信系统有广播通信系统、程控通信系统、集群对讲系统、船载对讲系统、机载对讲系统、油田内部视频会议系统等。Ka 频段高通量卫星在海上油田部署后，海上油田内部融合通信系统可以通过 Ka 频段宽带网络接入陆地指挥中心，陆地指挥中心可以与海上油田开展视频会议，商讨应急策略、方案等。

如果海上油田出现应急情况，陆地指挥中心可以根据海上油田坐标、海图信息、回传的视频画面和图片等信息，寻找油田周边的工作船只、渔船、运输船只等，通知油田通过船载对讲系统联系附近船舶前来救援，也可以直接联系附近的船舶或飞机前去进行救援。

陆地的海上救援中心与油田企业建立合作，如果海上油田附近有船只出现应急情况，陆地的海上救援中心接到险情后，可以联系油田企业陆地应急指挥中心，根据船舶坐标信息，确认附近的具体海上油田，并与该海上油田进行多方（事故船方、陆地的海上救援中心、油田企业陆地应急指挥中心、海上油田）视频会议，商讨具体的救援措施。海上油田安排守护船或者附近的船舶前去事故地点进行施救，从而高效地完成救援工作，最大限度地降低事故损失。

除了上述提到的海上油田宽带网络应用，近远期的海上宽带网络应用场景还包括滨海旅游业、海洋新能源开发、海洋牧场、渔业、海洋工程建筑业、海洋交通运输业等。

2012 年，国家发改委、财政部联合批复了战略性新兴产业项目——"Ku/Ka 多频多体制油田宽带卫星通信指挥调度应用系统"（以下简称"宽带卫星通信指挥调度应用系统"）建设项目。"宽带卫星通信指挥调度应用系统"的构成如图 5-6 所示。项目通过卫星通信技术在新疆油田安全生产及信息化建设方面的综合集成示范性应用，解决新疆油田油气作业区地域广阔、边远地区信息通信手段缺乏的问题，并实现了一批关键卫星通信技术的国产化及产业化。

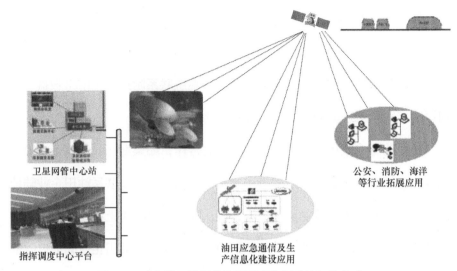

卫星网管中心站

指挥调度中心平台

油田应急通信及生
产信息化建设应用

公安、消防、海洋
等行业拓展应用

图5-6 "宽带卫星通信指挥调度应用系统"的构成

项目建设完成油田卫星视频监控系统1套，针对重点要害部位和偏远地区未安装有线网络和无线网的井和站库，共完成13个重点站库和9个沙漠腹部物资检查站道路卡口的安防系统建设。

项目建设完成了卫星油气生产数据采集系统的示范采油厂建设，对于采油厂偏远作业区的井、管汇和阀池的现场数据，采用卫星进行传输。

项目建设完成了基于卫星传输的移动应急保障通信系统1套，包括车载站及便携式可搬移站点，可根据需求实现实时机动部署。该系统具有以下两项功能：一是在生产区域的应急消防、突发安全事件方面提供信息通道及现场指挥平台；二是对应急保障体系相关应急要害岗位已有网络进行补充、完善和备份。

本项目以支持卫星移动通信的指挥调度网络为核心，为用户单位提供实时指挥调度控制信息通道，优化信息传输流程，减少管理层次，提升指挥调度和生产管理水平，有效降低各项管理费用支出。在安全防控方面，该项目通过视频监控，有效减少和预防油田偷盗、破坏油田物资等问题的发生；通过电子巡井、自动操控、过程监控等功能，减少了员工的操作频次，降低危险环境下的操作风险，提高了安全生产水平。

5. 远程医疗

远程医疗技术是依托计算机技术，网络技术，卫星通信技术，遥感、遥测和遥控技术，多媒体技术等高新技术，充分发挥高水平综合医院、专科中心的医疗技术和设备优势，对医疗条件较差的边远地区、海岛或舰船上的伤病员进行远距离诊断、治疗或提供医疗咨询的技术。应用远程医疗技术可实现视频、音频的实时双向传输，开展远程会诊、远程治疗、远程手术、远程护理等。远程医疗技术延长了医疗服务时间，扩大了医疗服务在空间上的覆盖范围，减少了因地区差异、医疗卫生资源差异等造成的医疗水平的不平衡，可使患者以较低的费用获得相对较高水平的医疗服务。远程医疗技术对于提高治疗效果、减少伤病员后送、降低诊疗费用及充分利用卫生资源具有重要作用。

例如，机动远程医疗站点以车辆、方舱、帐篷或舰船为载体平台，集成卫星通信模块、多媒体模块及配套的医学设备模块。机动远程医疗站点具有以下功能：（1）实现野战及应急救援时前方和后方高清视频、音频的实时双向传输，开展远程会诊、视频会议、远程教学、信息检索等；（2）可通过硬件接口向手术帐篷、手术方舱延伸视频、音频及数据，在手术帐篷、手术方舱等场所快速展开远程会诊（见图5-7）。（3）可采集站点周围的现场多点视频、图像，同时配备多路单兵图像与语音传输设备，实现"最后一公里"范围的信号延伸，并将所采集的音视频信号经机动远程医疗站点传送到会诊中心。

图5-7　远程会诊

自 2020 年新冠肺炎疫情爆发以来，远程医疗的使用频率显著增加。目前，国内外远程医疗网络大多都采用"地面 + 卫星"的组合方式，地面网络覆盖核心医院及中小城市医院，同时充分利用卫星网络覆盖广的特点，对村镇级医疗机构进行覆盖，通过音视频连接等方式提供点对点医疗服务。中国航天科工集团有限公司所属世纪卫星公司研制的远程医疗会诊车可通过卫星通信的方式，建立前方医疗现场与后方医学专家或指挥部的视频连接。远程医疗会诊车还可接入医疗信息网，现场医疗人员可即时获取相关医疗信息资源，并通过卫星通信网络上传信息。

由于远程医疗系统交换和管理的数据主要是病患的病历信息和高清音视频数据流，采用卫星传输专网可满足对数据安全保密性的要求。新冠肺

炎疫情期间，中国卫通进一步提升远程医疗业务的保障力度，紧急调配卫星备份资源，为病历资料和视频、音频提供可靠的传输保障。

为全球经济贫困地区提供重要医疗保健和医疗培训的人道主义特派团Mercy Ships，已宣布将使用SES Networks（一家信息技术提供商）提供的救生连接解决方案来实现更好的医疗保健服务。民用医疗船Global Mercy将利用SES Networks的签名海洋解决方案（Signature Maritime Solution），为患者的船上诊断和治疗带来本质性改变。高性能的连接服务将使Global Mercy能够完全实现数字显示器和CT扫描仪的远程查看，从而使专业病理学家能够远程诊断船上的一系列复杂疾病。Mercy Ships还将利用连通性来扩展服务，并使本地社区拥有可持续发展的能力。Global Mercy医务人员将有可能在船上手术室进行实时高清视频培训。Mercy Ships医疗船如图5-8所示。

图5-8　Mercy Ships医疗船

6. 应急救灾

　　低轨道卫星通信不仅可以解决陆地移动通信解决不了的偏远地区、海洋、荒漠与山区等的通信问题，与地面通信网络互补；还可以在发生地震、海啸等严重自然灾害，地面移动通信网络受损而导致通信中断时，提供应急通信。

　　相比于地面通信网络，卫星互联网更不容易受到物理攻击和自然灾害的影响，因此它也成为高度安全和关键任务服务的重要交付方式之一。由于电磁波在自由空间通信的物理属性，结合内在的点对多点能力和广播能力，卫星链路在某些条件下可以提供比地面链路更高性能和更可靠的服务。

　　在自然灾害造成地面通信严重受损时，卫星通信设备可实现图像、数据、语音的实时传输，在抢险救灾工作中发挥重要作用。特别是在地震发生时，灾区的通信设施往往会被破坏，导致灾区无法与外界进行通信。在灾害发生后，卫星通信能够第一时间接收到灾区信息，并将信息及时传送至相关部门，为应急救援提供重要的参考。

　　2017年8月8日21时19分，四川省阿坝州九寨沟县发生7.0级地震，震源深度20km。地震发生后，中国卫通集团股份有限公司迅速开通中星6A卫星Ku频段临时绿色通道，同时调配中星6A及亚太6号卫星资源，

全力保障工业和信息化部及各电信运营商的应急通信需求（见图5-9）。

图5-9　中星6A支持工业和信息化部及电信运营商开通应急业务

　　卫星通信还能够对灾区的即时情况进行跟踪，及时将灾区情况进行上报，使灾区与外界之间保持通信和联络。2020年3月底，四川省凉山州木里县和西昌市发生森林火灾，部分区域地面移动通信网络长时间中断，当地电信运营商紧急调集应急保障人员、应急通信车、卫星电话、Ka频段卫星便携站等赶赴现场，开通卫星应急基站，为现场指挥部提供通信保障。2020年6月14日，台风"鹦鹉"在广东省阳江市海陵岛登陆，中国卫通联合深圳航天科技创新研究院提供多款Ka频段卫星便携站。Ka频段卫星便携站融合布控球、无人机、LTE单兵图传等多种音视频采集设备，提供卫星宽带传输链路，确保台风登陆现场高清视频能够实时回传。

　　进入汛期后，泥石流、山体滑坡等灾害频发，会造成地面通信严重受损。卫星通信设备可实现图像、数据、语音的实时传输，保障现场与指挥中心间通信畅通，在抢险救灾工作中发挥重要作用。2020年6月23日，四川省阿坝藏族羌族自治州因持续降雨多地发生塌方、泥石流灾害，地面通信严重受损。鑫诺卫星公司北京主站紧急调度卫星资源，密切跟踪当地10 个超级基站的实时通信状况，响应现场的卫星链路需求，支持超级基站的倒换操作，全力保障当地卫星通信畅通。2020 年 5 月，云南省怒江州贡山县独龙江乡因地质灾害与外界通信联系中断，鑫诺卫星公司紧急运送多套"鑫远眺"陆地机动服务产品，帮助灾区快速建立起宽带卫星通信链路。"鑫远眺"陆地机动站依托中星 16 号卫星资源，充分发挥小口径自动寻星天线的轻便、灵活优势，可提供安全可靠的宽带应急服务。机动式卫星通信车如图 5-10 所示。

图5-10　机动式卫星通信车

　　Ka 频段卫星动中通终端可满足应急通信车在静止或运动过程中实时通信的需求。小型化（等效口径 0.45m）的 Ka 频段卫星动中通终端能够自动采集应急通信车所在位置的经度、纬度和方向信息，显示天线的方位角、俯仰角；根据卫星参数，进行一键式对星，自动对准卫星；能够依据应急通信车的行进过程，实时跟踪目标卫星。天线的伺服控制采用惯导测量 / 信标跟踪的方式，能够精准测量载体的位置和姿态信息，为 Ka 频段卫星动中通终端的寻星及精准跟踪提供可靠的数据支撑，保证天线能够实时跟踪目标卫星以及当载体驶出遮挡区域后，天线能够快速重新锁定目标卫星。

　　Ka 频段卫星动中通终端可以满足载体在运动过程中实时跟踪目标卫星的需求，提供宽带互联网，实现不间断的语音、数据、图像和视频等多媒体业务传输。Ka 频段卫星动中通应急通信车能够支撑通信盲点区域内的互联网接入、微基站和 4G 基站等多种业务场景。在地面网络被切断（重大突发事件）或被损坏（自然灾害事件）时，Ka 频段卫星动中通终端能够快速搭建现场通信热点，将现场图像、视频传至指挥中心，实现总部和现场之间的高清视频会议。

　　Ka 频段卫星宽带互联网能够与中国移动某省公司现有的高质量语音、互联网接入、微基站、3G/4G 基站中继传输等综合业务进行融合，保障政府、行业客户的应急通信需求，满足全域覆盖、全时通信的要求。Ka 频段卫星动中通应急通信车的宽带互联网接入方式，能够在无基站信号的情况下实现上下行最大速率（上行 8Mbit/s，下行 40Mbit/s）的综合数据传输业务。例如，智能手机连接由 Ka 频段宽带卫星终端提供的 Wi-Fi 网络，通过安装在智能手机上的专业 App 实现语音通话。VoIP（Voice over Internet Protocol，基于 IP 的语音传输）电话连接到由 Ka 频段宽带卫星终端提供的网络，实现高质量 VoIP 通话。

Ka 频段卫星动中通终端作为微基站的传输链路，能够实现一定范围内的 2G、3G 和 4G 手机信号覆盖，实现语音通话，同时个人用户也可以通过手机上网。Ka 频段卫星动中通应急通信车实现的 3G/LTE 基站数据回传可以为基站覆盖区域内的手机、随身上网卡提供通信服务，实现单 UE（User Equipment，用户设备）最大速率（上行 8Mbit/s，下行 40Mbit/s），并确保 VoLTE 语音通话清晰，可以正常进行微信语音、上传现场视频等业务。

依托我国首个自主可控的 Ka 频段宽带卫星通信网络，中国卫通协同中国移动某省公司先后开展了"Ka+Wi-Fi""Ka+ 微基站"和"Ka+2G/4G 基站"3 种业务场景的融合调测。其中，在"Ka+Wi-Fi"场景中，用户在无线路由覆盖范围内能成功接入互联网，并支持 VoIP 语音通话；在"Ka+ 微基站"场景中，用户可通过手机加入微基站网络，并正常通话和上网，速率可达 8 ~ 44Mbit/s；在"Ka+2G/4G 基站"场景中，4G 基站的下行速率可达 60Mbit/s，上行速率可达 8Mbit/s，可支持宽带互联网和 VoLTE 等服务。

中国卫通和中国移动某省公司共同开展了对 Ka 频段宽带卫星互联网的研究，并于 2018 年 7 月率先开通了全国首台 Ka 频段卫星动中通应急通信车（见图 5-11）。这台 Ka 频段动中通应急通信车采用了完全国产化的车载动中通卫星天线，能够实现静止和运动过程中的自动

对星并全时跟踪，在实际测试中，Ka频段卫星动中通应急通信车的下载速率为61.8Mbit/s，上传速率为7.9Mbit/s。车辆在静止和行驶过程中，能够通过宽带卫星互联网承载语音通话、Wi-Fi上网、4G数据等业务。2018年10月，为满足某县"金沙江堰塞湖"抢险指挥部和群众安置点的通信需求，中国移动某省公司紧急调派Ka频段卫星动中通应急通信车，现场保障抢险指挥的通信网络畅通，这标志着全国首台Ka频段卫星应急通信车正式应用到通信保障的实战工作中。同时，车载"Ka+4G基站"可以在现场为新闻媒体提供4G网络直播的服务。

图5-11 我国首台Ka频段卫星动中通应急通信车

7. 军事应用

卫星互联网的军事应用表现在：第一，提供高质量的通信服务。一般在战争状态下地面通信基础设施可能会被摧毁，低轨道卫星星座具有通信带宽大、效率高、速度快、时延低的特点，可为无人机、飞机、直升机等移动装备提供高质量的通信服务，使移动装备摆脱地面通信系统的限制，不再受山地、海洋、极地等地形及不良天气的影响，其复杂电磁环境下的抗干扰、反劫持能力也将得到大大提升。第二，强化侦察监视能力。低轨商业互联网卫星可搭载多种载荷，结合其重访率高的优势，对全球主要地区进行 24 小时不间断遥感监测分析。美军依托其侦察监视技术上的绝对优势，构建了全维全天候的立体侦察监视体系。2019 年 11 月，美国国防部高级研究计划局（DARPA）宣布将打造"黑杰克"项目（见图 5-12），利用低轨道卫星对全球范围进行监控。利用商业低轨道卫星搭载侦察监视载荷，将进一步强化美军的侦察监视技术优势。第三，提升导航定位能力。商业低轨道卫星星座的应用，将进一步提升军用导航定位系统的精度和抗干扰能力。导航定位能力的提升，将进一步强化多域联合作战的优势。强大的导航定位与信息通联能力，将坦克、步兵战车、自行火炮、直升机等装备联成一体，实现互联互通，使军事作战中的"全域机动"与"跨域协同"能力得到提升，多域作战能力优势得到强化。

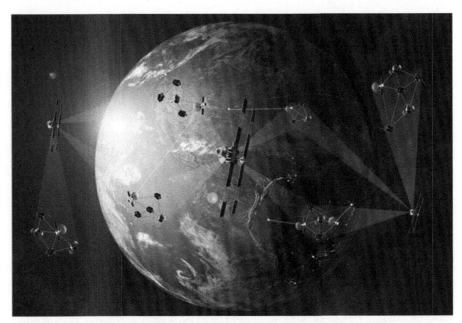

图5-12　美国国防部高级研究计划局（DARPA）正在研制的"黑杰克"项目

　　从现代化战争的发展来看，卫星通信起着至关重要的作用，尤其是在远洋作战领域。当远离本土大本营后，唯一能与神经中枢保持联系的手段就是卫星通信。卫星移动通信系统是航天技术与移动通信技术的有机融合，是信息技术领域的一个重要分支，是一个国家通信和航天领域高度发展的重要标志，是国家通信基础设施中必要的补充手段，也是一个地域大国必须占领的信息技术制高点。2020年2月19日，美国天军正式发布《美国天军卫星通信发展愿景》，从顶层阐述了美军卫星通信体系现存问题、未来"作战型卫星通信"（Fighting SATCOM）体系概念与目标、能力发展核心要素等，该文件将统领指导美国天军成立后卫星通信总体能力建设。美国天军"作战型卫星通信"体系架构如图5-13所示。

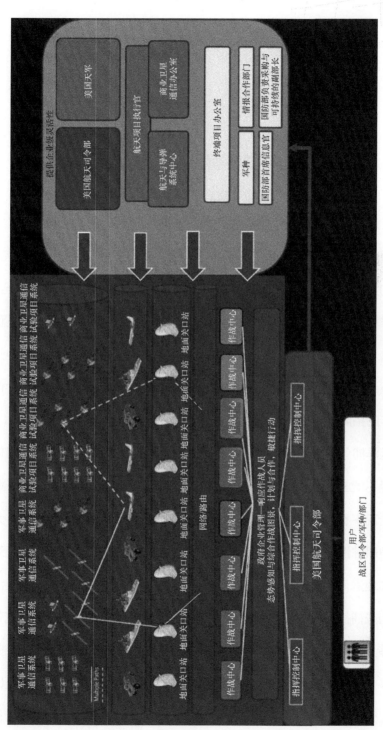

图5-13 美国天军 "作战型卫星通信" 体系架构

8. 渔业、极地科学考察

近几年，随着我国海洋渔业不断向规模化方向发展，卫星通信技术在海洋渔业中的应用范围越来越广泛，带来的效果也越来越好，逐渐转变了传统的海洋渔业生产模式，提高了海洋渔业的生产精确性和生产安全性。从海洋渔业未来的发展前景来看，卫星通信技术在海洋渔业中的普及和应用有着十分重要的作用，并且随着我国科学技术不断向前发展，各种先进的卫星通信技术会在海洋渔业中进一步深化应用，同时各种功能也会得到进一步的拓展。

远洋捕鱼因为距离较远，信号传输噪声大、失真较大，传统的通信设备已经不能够满足新时期的远洋捕鱼要求。现阶段就我国远洋捕捞行业的发展情况来看，只有少数经济实力较为雄厚的渔船配置了卫星电话，大多数的渔船并没有完成卫星电话的配置。在这种情况下，远洋捕捞的渔船不能与陆地进行有效的信息沟通，不能实时获取鱼货的行情和实际的经济情况，造成捕捞生产行为和市场需求存在一定的信息脱节。卫星无线宽带网络能够大大改善通信环境，提升海上信息化水平，确保陆地和海洋上的渔船能够进行实时有效的信息沟通，及时掌握渔船的具体位置，并且及时向渔船工作人员传输渔业市场信息，渔船工作人员根据市场信息对捕捞行为做出适当的调整，最终推动我国渔业向现代化方向发展。

加拿大的小型通信卫星制造商开普勒通信公司（Kepler Communications）研制的低轨极地卫星（见图5-14）能够通过Ku频段提供高数据速率的存储和转发服务，地面用户终端的信号被解码并存储在卫星上。此后，同样的信息通过下行链路传输到加拿大北部的Kepler网关。这样可以有效利用带宽，并减少对多个地面站站点的需求，以便提供全球服务。例如，开普勒通信公司为驻扎在北极的德国"极星号"破冰船（见图5-15）上的"北极气候多学科漂流冰站计划"（MOSAiC）探险队提供了基于卫星的宽带连接，其网络传输速率超过100Mbit/s，使得高速宽带连接首次到达北极地区。船上的研究人员已使用超高速互联网将大量数据和文件传回陆上研究中心，然后进一步研究气候变化对北极地区的影响。低轨极地卫星可以提供快速、稳定的网络连接，将研究人员在有限科考时间内采集到的研究数据实时回传和保存，为极地科学考察研究提供了新思路，具有深远的价值和意义。

图5-14　开普勒通信公司研制的低轨极地卫星

图5-15　"极星号"破冰船

9. 卫星在线教育

　　宽带互联网卫星大多工作在 Ka 频段，采用点波束，覆盖范围为某个特定区域。覆盖一个国家的全境需要多个 Ka 点波束。同一颗卫星下，不同点波束通信需要进行波束切换。点波束可以波束复用，使得带宽使用率提升，所以 Ka 频段的单位带宽成本较低。以中星 16 号卫星为例，其 26 个点波束覆盖了我国大部分地区，波束设计采用 8 色频率复用，总带宽为 6 800MHz。基于 Ka 频段的在线教育，适用于特定区域的在线教学，能够实现教学覆盖到该 Ka 点波束下的每个角落。区域在线直播教学、区域直播互动教学和区域点播教学可采用 Ka 频段进行通信。

　　在我国大凉山等边远地区的农村学校，通过接入高通量宽带卫星 Ka 频段，为试点县学校和教学点创建多媒体网络教学环境，开展基于卫星网络的专递课堂和同步课堂、网络教研、学生自主学习等教学教研实践。

　　2020 年新冠肺炎疫情期间，国家广电总局广播电视卫星直播中心（以下简称"卫星直播中心"）和中国教育电视台（CETV）密切合作，利用卫星直播电视（DTH）完成空中课堂频道 CETV-4 上星传输并覆盖全国，为每个直播卫星用户提供优质的教育内容。卫星直播中心服务的直播卫星用户超过 1.4 亿户，遍及全国 31 个省（直辖市、自治区）的贫困和偏远地

区，助力疫情期间停课不停学。同样，阿尔及利亚利用卫星通信，为全国800万用户提供在线直播教育。

2016年3月，老挝卫星地面站（见图5-16）已具备在线广播教育的环境设施，教育素材端的非编系统、媒资管理系统、播出系统，以及广播电视前端系统及系统的保障人员也已准备就绪，可以为全国用户提供在线教学。借助卫星通信技术的优势，融合云计算技术、数据分析技术多媒体技术、智慧终端等，建立基于卫星通信的在线教育系统，构建丰富的教育资源平台、在线直播教学、互动教学，实现优质教育资源共享，从而有益于国家教育普及和教学质量的提升。借鉴示范国家的在线教育实践，积极向"一带一路"沿线国家和地区推广在线教育，共享教育资源、均衡教育发展、提升教学水平，从而形成一定规模的基于卫星通信的在线教育应用服务，推动卫星应用信息化和卫星应用产业链的发展。

图5-16　老挝卫星地面站

10. 其他应用

物联网在零售、公共事业管理、水利等多个行业有着广泛的应用前景。实现物联网的前提之一是实现全地域、低成本的信息互联互通，低轨道卫星的终端发射功率比中高轨道卫星更低，且覆盖范围比地面基站更广，优势明显。

天基物联网前景广阔。预计到 2022 年，地球上还有 80% 以上的地区不能实现陆基网络覆盖，物联网应用将在很多领域受限，因此天基物联网的应用前景将十分广阔。随着小卫星生产成本的降低，卫星互联网可以用非常合理的成本提供大规模的网络数据传输服务。

随着无人驾驶、移动物联网等新兴产业的发展，用户对于高精度、全球覆盖的定位需求越来越强。以无人驾驶为例，要实现真正的无人驾驶，汽车除了要安装激光雷达等传感器外，还必须要具备厘米级的定位能力。导航增强能够为无人驾驶汽车、无人机等提供高精度导航保障，新的导航定位服务也将成为自动驾驶和无人机等领域变革的基础。低轨道卫星导航增强服务将作为卫星导航的重要补充，进一步增强导航服务，满足高精度定位的应用需求。

此外，通过与 5G、物联网等融合，卫星互联网未来的应用场景会更

加丰富，可以在生态环境监测、车联网等方面发挥重要作用。我国自然环境监测正迈向立体监测时代。卫星互联网将遍布于国土的传感器感知的数据信息及时、准确地收集并送达指定的地面控制台，由地面控制台进行数据处理，处理后的数据可用于森林火灾、洪灾、泥石流、干旱、大气污染、海洋污染、土地荒漠化及辐射环境等灾害预警预报。

2019 年 6 月 5 日、8 月 17 日、12 月 7 日，天启三号、二号、四号 A/B 卫星相继发射成功，与 2018 年 10 月 29 日发射的天启一号形成五星组网。五星组网后，天启卫星物联网系统的应用场景得到较大拓展，将从煤矿水文监测、泛在电力物联网建设、海洋牧场监测管理，拓展到集装箱跟踪、渔船跟踪监测、生态环境监测、水利工程监测、动植物保护跟踪、自然灾害预警等领域。

在 2020 年珠峰高程测量任务中，从拉萨市到 5 200m 的珠峰大本营，再到海拔约 6 500m 的前进营地，通信卫星为测量登山队提供了通信保障。随测量登山队出行的 Ku 频段车载动中通系统连接中星 6A 卫星，信号落地运营商在拉萨的卫星中心站后，通过专线接入互联网，为珠峰高程测量的顺利进行提供了稳定的网络服务和应急通信支撑。

位于可可西里腹地的卓乃湖保护站海拔近 5 000m，距离青藏公路 180km，气候严寒，风大地湿，最低气温达零下 41℃，8 级以上大风日数每年在 200 天以上。由于自然条件恶劣、通信手段欠缺、通信质量较差，当地生态环境保护、环境监测等工作无法正常开展。

通过建设卫星通信固定站和应用卫星通信设备，可可西里卓乃湖保护站已经接入了卫星互联网，基本上解决了保护站的通信问题，但网络时延较长，实时性有待改善，这也对工作开展造成了一定困难。例如，发现盗猎、盗采等事件时，巡山队员无法立即向管理局进行汇报，采集的图片证据回传较慢；开展环境监测、地质勘探等科考工作时，无法实现高速稳定的数据传输；驻站、巡山工作中发生险情时，与外界联系的延迟很有可能耽误救援，难以保障生命安全。我国西藏、青海、新疆、云南等偏远省份有许多自然保护区也面临同样的问题。低轨互联网星座建成后，将显著改善保护站的工作条件，有效提高工作效率，极大地促进边远自然保护区的生态环境保护和环境监测。

第六章

卫星互联网与未来空间基础设施的融合

06

卫星互联网不仅可以实现地球上的信息传输，还可以为同样身处宇宙里的其他卫星提供服务。到目前为止，人类研制的卫星可以分成三大类：技术试验卫星、科学探测器、应用卫星。应用卫星在人们的日常生活中发挥着重要的作用，为经济发展和社会运行提供了通信、导航、授时、气象、地理和地质等方面的信息服务。宽带互联网卫星同样也是应用卫星的一种，主要承担着通信的任务。那么，它们与其他卫星系统是不是有携手发挥作用的潜力呢？答案是肯定的。广义的信息网络天地一体化不仅包括通信，还包括遥感、导航等全方位信息网络。

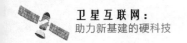

1. 与全球卫星导航系统的融合

卫星导航与互联网的融合，是近几年来的热门话题。这两项技术的结合，为人们带来了各种类型的位置服务，包括自驾导航、快递、外卖等。位置信息具有重大价值，人类的所有活动和所有自然现象，都具有位置和时间的属性。收集位置信息不但能为个人提供服务，而且有利于进行社会性分析和提供大数据服务。例如人们现在很熟悉的自驾导航中有一个躲避拥堵功能，就是通过海量汽车导航仪的位置回传，得到全路段车流量数据。如果大量用户在同一个路段低速行驶，后台的计算机就会判断出该路段堵车了，然后计算机可以根据用户设定的目的地计算出一个更快捷的路线。

到目前为止，多数卫星导航与互联网的应用，采用的都是"全球卫星导航系统"+"地面移动通信系统"。卫星导航与互联网的应用在移动通信系统比较发达的地区比较容易实现，然而并不是每个国家都拥有发达且覆盖充分的 4G 甚至 5G 网络。在这种情况下，宽带卫星互联网就可以发挥重要的作用了。人们往往关注宽带卫星互联网对个人直接提供服务的能力，但是在国际上，宽带卫星互联网还有一项重要能力：充当骨干网传输链路。人们可以在地面上建立移动通信的铁塔，铁塔之间不是用光纤连接起来的，而是直接把信息传送给互联网卫星，通过高速星间链路把铁塔连接起来，构成一个空中的移动通信网。手机用户通过移动通信网就可以享受到位置服务了。这样的融合往往更需要低轨道的宽带互联网卫星，而不是地球静止轨道卫星。因为后者部署在距离地面35 800km的高空，信息往返一次的时延比较长，对于很多对实时性要求比较高的应用来说是不利的。

上述融合是集成度比较低的应用模式，如今还有研究者正在开发一种集成度更高的宽带互联网卫星加导航卫星模式。导航卫星的信号容易受到大气现象的干扰，使无线电波产生偏离，降低导航的精度。对汽车导航来说，这个现象在很大程度上干扰了自动驾驶技术的推广应用。因此导航增强技术出现了，该技术可以在某个地点测量卫星导航信号偏离真实位置的程度与方向，然后把这个改正数据广播给周边区域内的用户，用户的导航接收机根据改正数据，可以大幅度提高自己的导航精度。但是怎样才能把改正数据广播给用户呢？人们尝试使用无线电广播技术、移动通信技术等，但各自都有优缺点。例如，广播电台的覆盖范围比较小，移动通信存在网络延迟变动范围比较大的问题。于是有人提出，把计算改正数据的功能直接设置在低轨道宽带互联网卫星上，这样就可以一举两得了。卫星的轨道位置再低，它的覆盖范围也比地面上的广播发射塔要大多了。卫星和地面终端之间是直接通信，时间时延是相对稳定的。当然，这样的卫星服务目前还在规划当中，能不能实现还要看实际

运行情况。

宽带卫星与导航卫星系统的融合，最大的受益者是各种无人系统。无人机、无人快递车等已经在人们的生活中发挥了巨大的作用，但它们的潜力还远远没有发挥出来。随着人类社会的发展和进步，有很多基础设施要部署到以往无人居住的地区，比如油气管道、电力设施、太阳能发电站、穿越无人区的高速铁路等。这些设施需要不断巡视和维护，才能确保正常工作。过去需要在无人区选择一些条件比较好的位置设立维护站点，部署少量工作人员巡查修理。但是这种维护站点条件恶劣、生活清苦、与世隔绝，在恶劣天气和地质灾害发生时，工作人员还要面临生命危险。如果能用无人机巡视、无人车修理，就可以把工作人员撤回到条件比较好的城镇地区，坐在控制室里工作，改善工作人员的劳动条件。

无人系统几乎都要依靠卫星导航信号来确定自己的位置、速度和方向。但是要让它们执行复杂的线路巡查和修理任务，仅仅依靠导航卫星信号是不能满足要求的。所以，在低轨道宽带互联网卫星上搭载导航增强服务的有效载荷，将起到极为显著的作用。宽带互联网卫星可以为无人系统提供指令下达、图像和数据回传等服务，有完整的双向数据链路，而且带宽巨大，在其中导入导航增强信号是非常容易的。有了精确的位置数据，不但无人系统可以精确地抵达目的地，后方的监控人员也可以更加精确地操作。无人机对地观测解决方案示意如图 6-1 所示。

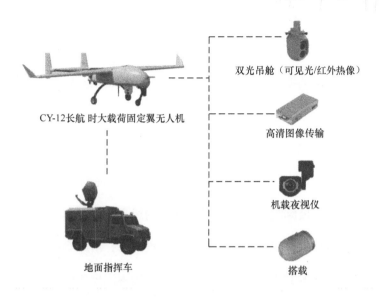

图6-1 无人机对地观测解决方案示意

例如，用无人车去修理某个损坏的电力电缆，在技术上是可行的，而且已经有人申请了相关专利。但是在动用无人车之前，必须找到电缆损坏的位置。人们首先要动用固定翼的无人机，沿着电缆走向巡查拍摄，找到故障位置。然后出动多旋翼无人机，绕着故障位置上下翻飞，拍摄现场照片，确定故障修理方案。然后要派遣无人车带着工具、备件前往修理地点，由操作员遥控修理或者自主修理。所有这些活动的前提，是几种不同的无人系统都要能同时具备高清视频回传和精确定位能力。如果无人机去了甲位置而无人车去了乙位置，就会给操作带来极大的麻烦。有时候哪怕相差只有几十米，也要费尽周折。因此，要尽一切可能提高无人机系统的定位精度和监控实时性。宽带互联网卫星，特别是时延很短的低轨道星座，能够发挥不可替代的作用。

另外，海上运行的无人系统同样可以从宽带互联网卫星＋导航卫星的融合中受益。在茫茫大海上，没有任何地面物体可以参照，卫星导航是唯一能够快速、高精度、全天候导航的手段。用互联网星座同时播发导航增强信号和提供宽带通信服务，就可以让无人船、无人艇做很多此前无法想象的事情，例如建设维护海上油气设施、维护天基太阳能电站的海上能量接收场、维护无人化的海上养殖场、运行无人化的海面垃圾收集装置。

无人海面垃圾回收装置具有非常重大的意义。迄今为止，人类向海洋中倾倒了大量垃圾，其中塑料垃圾因为很难降解，所以会在海面上持续漂浮。在洋流和风的共同作用下，这些塑料垃圾逐渐聚集到一起，形成了很多大面积的垃圾场。要想把这些垃圾清理干净，难度非常大。很少有人愿意在海上长年累月地生活，从事这种艰苦而枯燥的工作。所以有人设想了一种以太阳能为动力的超大型海面垃圾清扫机器人。高分辨率遥感卫星发现垃圾场之后，给出精确的位置数据，实时更新，然后机器人根据位置数据去追踪，用大型"网兜"把垃圾拖到某个港口附近，集中处理。这就需要"三融合"，也就是遥感卫星＋宽带互联网卫星＋导航增强。

2. 与高分辨率对地观测系统的融合

卫星遥感是人类观测地球，了解陆地、海洋等广大区域实时状态的重要手段之一。随着高分辨率卫星相机技术的成熟和普及，以及小卫星技术的发展，越来越多的国家和企业开始发射自己的高分辨率对地观测星座。中国已经部署了"高分""高景""吉林一号"3 个高分辨率对地观测系统。吉林一号星座中的高分 02 星如图 6-2 所示。美国行星实验室公司还部署了"鸽群"星座（见图 6-3），虽然分辨率只有 2m，但卫星数量很多，每天都为人们回传非常多的卫星图像。

但是，这么多图像绝大多数都没有充分发挥作用，其主要原因是来不及处理。如今的高分辨率卫星都采用数字成像技术，就像很多数码相机在天上飞行。数码相机记录的其实是一长串数字信号，要通过计算机的处理才能变成可以用肉眼观看的图像。高分辨率卫星的图像容量远比民用的数码相机要大，想把它们处理出来，用普通计算机是不行的，必须依靠超级计算机。因为图像太多，所以处理不过来。即使处理出来，因为分发手段不足，很多图像都滞留在卫星图像中心的处理器当中，没有充分发挥作用。

图6-2　吉林一号星座中的高分02星

图6-3　"鸽群"星座

　　随着人工智能技术的发展，人们发现，利用超级计算机和图像识别算法，可以从看似枯燥的遥感图像中，提取出很多有用的信息。比如四季交替、道路走向、城市发展、冰雪和水面的变化、大气污染等。通过量化计算，人们可以提炼出很多重要的数据，为经济和社会提供重要的支撑和指导。然而这些工作更加需要超级计算机，而这种高性能的计算机数量很少，获取计算资源有一定的困难。

实际上，高分辨率卫星图像会给人们生产生活带来很大的帮助。特别是那些不太发达的地区，为了管理自然资源、预防自然灾害、规划工农业生产和交通基础设施建设，还是很需要高分辨率卫星图像的。然而，不发达地区又缺乏超级计算机，这就造成了需求和供应之间的矛盾。

有了宽带卫星互联网之后，人们就可以非常灵活地利用全世界的计算资源。比如在某个偏远地区建立卫星图像接收站。卫星图像接收站初步处理图像后，把需要用超级计算机处理的内容通过卫星传送到计算中心，处理成可以使用的信息，然后再用宽带互联网卫星传送回来，给城市规划、林业保护或者农业科技部门等使用。全球宽带互联网的存在，还能让高分辨率卫星的跨国、跨洋、跨洲服务成为可能。更为重要的是，包括船只、飞机在内的移动平台同样可以通过卫星互联网，享受到高分辨率卫星图像带来的益处。近 20 年来，"动中通"技术已经广泛应用于移动平台，相控阵天线的成熟和推广，让"动中通"卫星天线的安装和使用变得更加方便。特别是双向电扫描的相控阵天线没有移动部件、非常低矮，适合飞机、汽车使用。因此这也为飞机、汽车获取高分辨率遥感卫星图像提供了技术手段。各种无人平台得到高分辨率遥感卫星图像的支持后，可以大大提高野外自主运行的能力。例如，无人机通过宽带卫星互联网，可以随时获取高分辨率卫星图像，从而更好地规划航线，执行环境监测、边海防巡逻、能源设施巡查等方面的工作。如果卫星在无人区拍摄到了某些异常现象，还可以派遣无人机近距离

监测。

　　未来有可能实现宽带互联网卫星和遥感卫星星座的直接通信。一般来说，遥感卫星运行在 500～600km 高的轨道上。例如中国的"高景"卫星运行在 530km 高的轨道上，吉林一号卫星运行在 579km 高的轨道上。对于静止轨道上的互联网卫星来说，这个高度和贴地飞行没有什么区别，完全可以把遥感卫星拍摄的图像先上传给互联网卫星，然后再发送给地面接收站。有些低轨道互联网星座设计运行在 1 000km 左右的高度，它们也可以为高分辨率对地观测卫星提供数据中继服务。如果能实现这样的技术，就会给媒体产业带来非常巨大的变化。如今的商业遥感卫星已经可以实现 30～50cm 的地面分辨率，这个指标足够让人们从图像上识别出地面上的景观、汽车、大型动物等。唯一的问题就是如何把图像传送到人们的电脑或者手机上。宽带卫星互联网或许就能解决这个问题。遥感卫星把拍摄到的原始图像传输给互联网卫星，经过地面处理之后，再把清晰的照片或者视频用互联网卫星分发到世界各地，让人们根据自己的兴趣挑选观看的内容。

　　宽带互联网卫星和高分辨率遥感星座还可以实现更加紧密的"一体化"。根据中国科学院李德仁院士的设想，今后可以研制一种"通信＋遥感"二合一的卫星，它本身既是宽带通信卫星，又是高分辨率遥感卫星。卫星上本身就载有超级计算机，可以实时处理相机拍摄的图像，提取有价值的数据，甚至直接处理成文字信息发送回地面。例如，卫星在海面上拍摄到某一条轮船之后，可以通过和地面数据库合作，识别出这条船的身份。然后向相关管理部门上报简单的文字信息"××船只，登记号

××，正在 ×× 经度 ×× 纬度向 ×× 方向航行"。这种功能看似没有什么用处，但在海洋环境执法、反走私反偷渡、海上紧急救援等场景下，会发挥显著作用。如果遥感卫星的分辨率进一步提高，这种技术甚至可以用来跟踪更小的目标，比如集装箱卡车。

3. 与卫星气象系统的融合

天气预报是人们每天都要用到的信息服务。随着气象科学和经济的发展，天气预报不仅与本地、本市相关，还与全国甚至全球相关。通信系统是气象部门不可缺少的有力工具。

通信系统对于气象部门而言主要有两个功能，第一个功能是把各地观测到的数据集中起来，使用超级计算机进行分析和运算。第二个功能是把计算出来预报数据分发到各地，用于预报、预警和研究。其中，数据分发的工作量很大。这与气象卫星的应用有着很大的关系。

到目前为止，人类主要使用两种不同类型的气象卫星，一种是定点在地球静止轨道上的同步气象卫星，另一种是飞行在太阳同步轨道上的气象卫星。由于技术的进步，这两种卫星所能探测的频段越来越宽，几何分辨率和频谱分辨率越来越高，产生的数据也越来越多。要想处理好这些数据，必须使用超级计算机。因此，包括中国气象局在内的各国卫星气象部门，都是超级计算机的重要用户。但是超级计算机价格昂贵，还需要一支专业团队才能操作和使用，地方气象部门往往不具备这样的能力。所以，卫星气象数据往往要在具备良好条件的中心城市处理，然后发送给地方和基层气象部门使用。

为了实现卫星气象数据的发送，气象部门一直在寻求更快、更好的通信方式。根据气象部门专家发表的论文，气象通信经历了从莫尔斯通信、电传通信、传真通信、自动化气象通信到网络通信的发展历程。20世纪末，国家气象局建立了名为"9210工程"的气象卫星综合应用业务系统，该系统在北京建立主站，在全国各地建立了300多个小站，为气象卫星数据分发和应用发挥了重大的作用。因为当时宽带互联网产业还不算发达、网络带宽有限，9210工程还提供了电话、网络通信等功能，专门供气象部门使用。9210工程让人们看到了卫星通信在气象卫星数据和其他气象数据分发上的重大优势，在9210工程到期后，气象部门又开始启动新一代系统的建设，取得了良好的效果。

那么，气象卫星和宽带互联网卫星有什么关系呢？当前，气象卫星服务和其他气象活动还在不断发展，所提供的数据越来越多。因此，气象部门对宽带通信的需求就更加明显了。特别是对于那些位于边远地区或者"一带一路"沿线不发达国家和地区的人们，要想为他们提供卫星气象服务，需要一种不依靠地面光纤的宽带通信手段，宽带卫星互联网当仁不让。

另外，气象领域还出现了新的动向，一些企业开始提供定制化的收费气象服务。这种气象服务与人们平时享受的天气预报或者灾害预警有很大的不同，是给具体企业提供的精确化气象预报。人类生活在地球表面，几乎一切活动都会受到天气的影响。对天气的预报越精确，其产生的经济和社会价值就越高。例如，冬季来临往往会导致煤炭和石油的价格上涨，电力和供热公司会在冬季之前提前购买一些煤炭或者石油储备起来。但是，

到底应该买多少好呢？如果出现了暖冬，就会导致煤炭和石油过剩，资金占压。如果突然来了寒潮，可能会提前把储备的燃料消耗完。这时候再去市场上寻购，价格就会高很多，让企业蒙受损失。同样地，降雨、雾霾、冰雹等天气，都会带来相应的经济盈亏。

气象部门如今已经有能力提供针对具体企业需求的定制化服务，这些工作在很大程度上都是依靠各类传统气象卫星和新概念气象卫星进行的，例如专用的降雨观测卫星、温室气体观测卫星等。那么，如何把处理好的定制化数据发送给用户呢？这就是宽带卫星互联网大显身手的机会了。因为气象卫星＋宽带卫星互联网的用户不仅包括大型企业总部及其分支机构、派出机构，还包括大量中小型企业，以及部分企业的野外作业人员。

还有一类重要的定制气象服务用户并不在陆地上，而是在大海或者天空中。今天的人类社会高度依赖海洋经济，无论是石油钻井平台还是远洋渔船，对天气变化都非常敏感。一般来说，石油钻井平台上都拥有卫星通信设施。不过传统卫星地面站的带宽有限，无法同时支持所有人、各种的宽带通信需求。引入宽带卫星互联网之后，石油钻井平台就可以享受到足够的带宽，其中自然也包括不间断的高质量气象服务。过去远洋渔船只能接收简单的气象报文，拥有宽带卫星互联网之后，就可以得到图文、视频并茂的气象服务，可以更加精确地调整航行计划，既能保证安全，又不耽误渔业生产。这一切都需要卫星互联网通信作为保障。

4. 与载人航天的融合

如今，载人航天还在进一步发展，但太空旅游已经成为人们津津乐道的话题。无论是国际空间站的商业化还是亚轨道飞行，都意味着今后会有更多人进入太空。具备一定购买力的普通人将进入太空体验失重和宇宙生活，这样的场景或许离我们不会太远。

一种载人航天器是空间站。当前空间站要想和地面通信，都必须通过专用的通信系统。为了支持这个通信系统，参与国际空间站建设的几个国家动用了中继卫星和分布在全球的地面站。但即便如此，这种方式所能传输的数据量和所能使用的时间，也要受到严格的制约。这就限制了很多空间科学实验的操作。空间站上进行的实验，很多都要宇航员来操作。但当前国际空间站上的宇航员数量有限，他们不但需要操作实验，还要负责整个空间站的安全运行。所以，能分给每个实验的操作时间都是非常有限的。如果能够为提供一种遥控通道，让实验的负责人在地球上就能进行操作，将十分有利于实验开展和数据分析。

宽带互联网就为人们提供了这样一个新的机会。国际空间站运行在距离地球 400km 高的轨道上。大多数宽带互联网星座的高度都要比它更高，静止轨道宽带卫星高度则更高一些。中国空间站也运行在高度约为

400km 的轨道上。未来如果有企业发射自己的商业空间站，同样也会运行在这个高度区域。这样，人们完全可以考虑在空间站上安装宽带卫星互联网的通信终端，把空间站接入网络，实现与地面的通信。

今后一段时间里，生活在近地轨道上的人类可能会大量增加。按照美国的计划，国际空间站到 2024 年之后就要改成商业化运行。为此，NASA 已经找到了一家名为"公理航天公司"的承包商，这家企业的负责人曾在 NASA 任职。2016 年，公理航天公司还聘请了多位宇航员任职，甚至聘请了 NASA 前任局长查尔斯·博尔登担任业务发展顾问。2020 年 1 月 27 日，NASA 宣布选定公理航天公司使用国际空间站对接口，安装可居住的商业舱段以供科学研究和其他应用，公理航天公司接管国际空间站后的建设想象图如图 6-4 所示。按照这家公司的计划，该公司打算租用美国太空探索技术公司的"载人龙"飞船，每次搭载 1 名职业航天员和 3 名私人航天员，让他们在太空里住一段时间。

除此之外，中国正在建设自主空间站，

图6-4　公理航天公司接管国际空间站后的建设想象图

预计到 2022 年可以初步建成。俄罗斯也多次表示，在国际空间站的合作结束以后，考虑自建一个空间站。这意味着到 2024 年之后，近地轨道上会有至少两个空间站，甚至 3 个。在这些空间站里工作和生活的人可能会超过 10 人。除了科学实验，宇航员们还可以做一件非常重要的事情，就是科学普及。很多人都记得宇航员王亚平在天宫二号空间实验室里为全国中小学生做的微重力实验演示。实际上，一些在地球上看起来很简单的物理、化学、生物实验，到太空当中可能就完全不一样。所以，全世界的中小学生都会产生极大的兴趣，不断地提出一些奇怪的问题，希望宇航员能够在太空里为他们解答。如果要占用传统的航天测控通信线路，就很难有机会开展这样的科普活动。但是，如果能够利用宽带卫星互联网，开展中小学空间科学实验的机会就大大增加了。

要想在空间站上使用宽带卫星互联网，可能还要做一些新的科研攻关。空间站接近地面，其飞行速度接近于第一宇宙速度。在高速的情况下，实现空间站和其他卫星之间的通信是有很大难度的。如今，空间站可以通过扫描式天线和地球静止轨道上的中继卫星通信，但是要想和低轨道上的互联网卫星通信，还需要解决更多、更复杂的问题。特别是这两种卫星的相对速度很快，即使采用电扫描相控阵天线，难度也非常大。

另一种比较另类的载人航天器是亚轨道飞船。这种飞船仅仅是短时间进入宇宙，然后再次进入大气层。这样的飞船有几种用途，一是用于太空旅游，让乘客短暂地体验失重；二是用于做一些只需要短时间失重的实验，例如美国维珍银河公司的亚轨道飞船太空船二号（见图6-5）可用于体验亚轨道失重；三是用于高速运输，美国太空探索技术公司正在研制的"星船"火箭（见图6-6）就可用于高速运输，"星船"火箭号称在地球上任何两点之间的旅行不超过30分钟。虽然亚轨道飞船的飞行时间短，但是对信息流通的需求不少。游客们会忙着发布VLOG，地面的控制人员需要实时监控实验和下行数据，亚轨道旅行期间，人们同样需要后舱通信和

数据传输服务。但是由于亚轨道飞船的弹道变化十分剧烈，利用互联网卫星为它们提供服务，难度很大。

图6-5　美国维珍银河公司的亚轨道飞船太空船二号

图6-6　"星船"火箭

5. 与空间科学和星际探测的融合

美国"星链"卫星的发射引起了全球天文观测者的不安。因为这个星座最终要部署 4 万多颗卫星，天文学家和天文爱好者们担心它们的亮度太大，会时常出现在望远镜的视野中，干扰人们对夜空的观测。于是，负责"星链"项目的美国太空探索技术公司决定，在后续卫星上采取消光措施，让卫星不反光，减少对天文观测的干扰。

这只是宽带互联网卫星与空间科学之间的一个小交集。实际上，宽带互联网卫星不但不会影响空间科学，反而能为这个学科做很多贡献，甚至能对星际探测有所贡献。首先，因为宽带互联网卫星的制造数量多、发射频率高，降低了卫星制造和发射的成本，让科学卫星的采购价更加便宜。另外，宽带互联网卫星上可以搭载很多用于空间科学探测和研究的设备。

NASA 就曾经在国际通信卫星公司和欧洲 SES 公司的卫星上搭载过一些科学载荷，例如热层与电离层全球观测设备（见图 6-7）、热层与电离层多光谱成像

图6-7　热层与电离层全球观测设备

系统、热层与电离层全球与区域成像系统。

上述搭载科学载荷的平台都是定点在地球静止轨道上的卫星。那么运行在低轨道上的宽带互联网星座是不是可以发挥搭载平台的作用呢？这是可以的。而且低轨道卫星的数量更多、发射更加频繁，可以为科学家们提供更多的研究机会。另外，卫星总是会因为寿命到期或者故障而需要更换。假设有一个 300 颗卫星的星座，即使每年只有 5% 的卫星需要更换，那么每年可能就要发射 15 次卫星。这比传统科学卫星的发射频率高多了。哪怕每次只能搭载一件科学仪器，也能给科学家们提供空前丰富的研究机会。

即使是接近地球的低轨道，人们对于其宇宙环境的了解和认识也是非常不充分的。太阳风、宇宙射线、高能粒子和大气电离层之间是怎样的关系？极光是如何产生的？电磁波在电离层中穿行会发生什么变化？地球的磁场与近地空间天气之间是如何相互作用的？这些都是人们已经认识到，却没有充分了解的现象。低轨道的高度正好是互联网星座运行的高度。在卫星上搭载科学仪器，能为科学家们持续提供宝贵的数据。特别是低轨道卫星可覆盖全球，人们不需要担心某个现象在某个位置发生的时候，科学仪器会错过探测机会。当有关研究取得成果之后，还可以反哺卫星材料、设计和制造，让低轨道卫星能够更好地抵御恶劣空间环境的侵袭，更可靠地为人们提供服务。而宽带互联网卫星拥有巨大的下行带宽，完全不需要担心如何才能将采集到的数据发送至地面。这对于空间科学研究者来说，是一个巨大的福音。

6. 其他

    宽带互联网星座和空间基础设施的融合前景非常广阔。特别是新技术的突破和新应用模式的出现，会打开全新的、难以想象的新领域。随着小卫星技术的蓬勃发展和地月空间经济的启动，人们会需要更多、更强大的工具，把信息获取、信息处理、信息传输、信息发布充分融合起来。在这个过程当中，宽带互联网卫星系统不仅能起到信息通道的作用，卫星本身还可以用来容纳各种科学仪器和其他有效载荷，成为宇宙中的关键信息节点。

第七章

卫星互联网的展望

卫星互联网通过大量低轨通信卫星组成的通信网络，可以实现全球通信无缝覆盖，弥补现有地面互联网网络的覆盖盲点，解决边远、分散地区以及空中、海上用户的联网需求。它不仅有望成为 5G 乃至 6G 时代实现全球卫星通信网络覆盖的重要解决方案，还有望成为航天、通信、互联网产业融合发展的重要趋势和战略制高点。加速卫星互联网建设对推动整个商业航天产业链发展、促进航天强国建设具有重大意义。本章介绍了卫星互联网的角色演变、面临的挑战、应用前景和产业发展策略等内容。

1. 卫星互联网的角色演变

随着商业航天的发展，不少国家都将卫星互联网建设上升为国家战略。放眼海外，SpaceX 公司的 Starlink 卫星系统（也称星链计划）已经在北美开始测试；纵观国内，随着 5G 与卫星互联网被纳入我国"新基建"，空天地一体化网络正加速落地。覆盖全球的卫星互联网，从地面互联到天地互联，随着 5G 商用的深化，人类社会开始步入万物互联时代，人们可以更加前瞻性地预见，初见端倪的卫星互联网或将成为 6G 的开端。

在太空通过卫星提供通信服务的尝试早已有之。20 世纪 90 年代，多家企业提出卫星互联网星座计划。如果将提供互联网服务的范畴扩大到语音通信服务，卫星互联网星座的发展历史还可以追溯到 20 世纪 80 年代末摩托罗拉公司发展的铱星（Iridium）系统。目前卫星互联网与地面通信系统合作互补、融合发展，开始步入宽带互联网时期。

如果按照卫星与地面通信的竞争和合作关系对卫星互联网星座的发展阶段进行划分，主要可以分为以下 3 个历史阶段。

1.1 第1阶段——替代地面通信网络为导向（20世纪80年代末至2000年）

以铱星（Iridium）、全球星（Globalstar）、轨道通信（Orbcomm）、泰

利迪斯（Teledesic）和天空之桥（Skybridge）系统为代表，力图重建一个天基网络、销售独立的卫星电话或上网终端与地面电信运营商竞争用户。

与铱星同期发展的低轨星座主要有两类：一类是已建成的主要以提供语音和低速数据为主的星座，如全球星和轨道通信；另一类则是在计划阶段主要以互联网接入为主的星座，如泰利迪斯和天空之桥。这些卫星系统能够实现全球覆盖，但这些系统的发展遇到了共同的问题，一方面是系统设计初期地面通信还未兴起，对市场的估计出现了偏差；另一方面是当时的航天建设和维护成本极高，经济上不具备与地面电信运营商竞争的能力。

从这五大系统的第一阶段发展结果看，铱星系统、全球星系统和轨道通信系统于 2000 年前后宣告破产；泰利迪斯和天空之桥系统于 2002 年宣告项目终止，未能实现系统部署和商业服务。从这些系统早期的失败经历看，它们遇到的主要是经营上的问题，而非是技术上的问题，通信卫星系统高昂的部署成本、市场定位不佳以及预期评估不足是导致其商业运营失败的主要原因。虽然铱星计划第一阶段以破产告终，但也使原铱星公司仅用 52 亿美元就建立了第一个覆盖全球的卫星通信系统。

1.2 第2阶段——成为地面通信的"填隙"（2000—2014年）

新铱星、全球星和轨道通信等公司为电信运营商提供一部分容量补充和备份，也在海事、航空等极端条件下，为用户提供移动通信服务。卫星互联网与地面电信运营商存在一定程度的竞争，但主要还是作为地面通信手段的"填隙"，规模有限。

虽然在 2000 年前后卫星系统在与地面系统的竞争中失利并相继破产，

但不少企业却巧妙地利用破产摆脱了前期系统建设所欠下的巨额债务，重新寻找到市场机会，焕发生机。截至目前，全球仍在提供服务的卫星互联网星座还有铱星、全球星和轨道通信系统，并且已经全部完成了下一代星座卫星的更新换代。天空之桥和泰利迪斯系统也被认为是后来迅猛发展的一网等星座的雏形。

2000年之后卫星互联网星座之所以能够重新恢复活力，主要在于吸取了过去的教训。以铱星公司为例：市场定位方面，铱星系统转向满足快速发展的蜂窝网络和全球通信（包括语音和数据）需求，包括海上和极地飞机导航、飞机黑匣子数据收集和存储、偏远地区位置服务、军事通信和应急响应能力等，并将美国航空管理局（Federal Aviation Administration，FAA）和美国国防部等机构发展成了用户；投入成本方面，以较低价格买断了原铱星公司，原铱星公司的债务全部剥离。系统成本的减少可以实现通话和数据使用费用的大幅降低，以达到与地面通信接近的价格水平，新铱星公司实现扭亏为盈；系统能力方面，升级卫星系统，缩小卫星终端的尺寸，并减少其重量，解决了卫星终端在室内无法使用的问题；业务方面，增加多项业务，如ADS-B业务、导航增强业务；数据服速率方面，提高数据服务的速率，使之在机对机（Machine to Machine）等特定应用场景下具备一定的竞争力。

1.3 第3阶段——与地面通信系统的竞争与融合交织（2014年至今）

以"另外30亿人"网络公司（O3b Networks）为代表的卫星网络公司，为全球用户提供干线传输和蜂窝回程业务，地面电信运营商是它们客户和合作伙伴，卫星网络与地面网络协同发展。

卫星互联网星座发展至今，唯一一家从服务之初就取得成功的是"另外 30 亿人"网络公司，公司名称取自"要为地球上另外 30 亿人提供网络服务的愿景"。O3b 网络公司成立于 2007 年，在公司成立之初，市场还对 O3b 网络公司持怀疑态度。但该公司自 2014 年提供商业服务以来，仅用半年时间就达到原计划 1 年 1 亿美元的收入水平，得到了市场的认可，证明了卫星互联网星座的发展前景。

与前两个阶段的卫星互联网星座不同，O3b 网络公司之所以取得成功，是因为采取了与地面通信系统合作的发展理念：市场定位方面，O3b 网络公司从一开始就没有制订与地面通信竞争的计划，而是将电信运营商作为其客户，为地面通信设施覆盖不到的岛屿和海上大型舰船提供服务，使海洋与地面网络连通；成本与能力方面，O3b 网络公司选择了轨道高度为 8 000km 左右的中地球轨道（Medium Earth Orbits，MEO），覆盖范围在南北纬 40° 之间的区域，将所需的卫星数量缩减至 12 颗，同时卫星在轨寿命长、通信容量大，数据传输速率高，降低了网络连接的成本；可以说，O3b 网络公司具有真正的宽带卫星系统，虽然其系统容量密度无法与地面通信手段相比，但对于地面通信网络无法覆盖的地区，O3b 网络公司的宽带卫星系统已经能够满足基本的网络需求。

2. 卫星互联网面临的挑战

卫星通信从最初的卫星电话、电视广播业务，扩展到数据和多媒体通信，向高通量通信卫星发展；随着互联网和移动互联网的发展，卫星通信也逐渐进入卫星互联网时代。同时，卫星互联网与 5G 融合取得初步进展，卫星互联网将成为扩展 5G 网络覆盖范围的重要方式。在 5G 商用之际，相较高轨卫星具有低时延和低成本优势的低轨道卫星通信系统悄然复苏，并受到全球诸多的互联网、通信、航天航空等巨头企业的青睐。

但目前全球卫星互联网尚处于起步阶段，在发展中仍存在诸多挑战。

（1）容量低

卫星与地面距离远，卫星通信的频谱利用率低于地面移动通信，每比特能耗高于地面移动通信。由于卫星与地面终端间的路径损耗、大气吸收损耗等都远大于地面蜂窝移动通信系统，若要提高网络传输速率，就要加大发射功率及增大地面用户天线口径，其结果是卫星通信的频谱利用效率、每比特能耗两个关键指标远低于同期的蜂窝移动通信系统。目前 SpaceX 公司的卫星到用户终端的下行链路平均频谱效率为 2.7bit/s/Hz，只能达到 3G 水平，而目前 5G 的下行链路平均频谱效率是 10bit/s/Hz 以上。另外，低轨道卫星终端的每比特能耗要比 5G 手机至少高一个数量级以上。

因此，低轨道卫星系统必须不断提高通信容量以满足全球网民的宽带互联网需求，此外，城市里大量的宽带互联网接入需求给卫星通信的点波束覆盖及其干扰控制带来了巨大挑战。

（2）容量使用率低

卫星通信在无人区及人烟稀少的地区存在容量使用率低的问题。低轨道卫星系统若要实现与5G相当的总通信容量，需要几百万颗低轨道卫星密布在全球城市带（人口密集区域）上空的近地轨道。而低轨道卫星相对地面是高速运动的，会经过一些地广人稀地区、海洋等，覆盖与通信密度不成正比，容量覆盖比低，会给星座设计和系统投资提出较大挑战。

（3）卫星终端体积大、功耗大，通信速率差距大

低轨道卫星便携终端采用相控阵天线，则其面天线和一个iPad差不多大。与4G和5G手机相比，低轨道卫星便携终端体积大、功耗大，且卫星信号无法覆盖室内，城市大楼遮挡直视径信道，对雨、雪、雾、云等天气十分敏感，峰值通信速率和平均通信速率相差较大。

鉴于上述挑战，卫星通信的未来技术创新有四个重要方向：一个是探索卫星星间链路组网技术，提高灵活性和通信质量；二是研究卫星终端天线技术，提高接收增益、减小体积；三是开拓更高频段的技术，提高系统容量；四是设计卫星星座，提高覆盖效率。

3. 卫星互联网的应用前景

卫星互联网是解决地球"无互联网"人口"数字鸿沟"的主要手段，是目前仅有的可同时实现抗毁性强、覆盖范围广、部署快速灵活、传输容量大、性能稳定可靠、不受地形和地域限制的通信技术，可以实现地面通信网络无法实现的广域无缝隙覆盖。

低轨道卫星通信具有覆盖面大、部署快、带宽高、时延低的优势，其典型商业模式主要有四种：一是与地面网络融合打通信息互联的"最后一公里"，服务偏远地区用户；二是为政府、企业客户提供另一种保密数据的传输方式，保障全球政企客户安全通信；三是在广袤的海洋上为物联网、船载通信提供支撑，提高远洋通信保障能力和海上航行安全保障能力；四是为全球民用航空器提供机载宽带通信，提高飞行安全性，满足乘客空中上网需求，提升旅行舒适度。

随着卫星制造能力的提升、火箭发射成本的下降、集成电路技术的进步和5G万物互联的推进，低轨道卫星通信的应用规模将随着人类活动范围向空间和海洋等的持续扩展而扩大。新一代低轨道卫星互联网将应用于偏远地区通信、海洋作业及科考、航空和灾难应急通信、物联网等诸多领域。此外，卫星互联网并不仅可以用来网上冲浪，还可以作为星基增强系统，提高定位精度。例如辅助北斗等全球导航卫星系统，提升其定位能力，这对于发展自动驾驶、建设智慧交通等也具有重要意义。

4. 卫星互联网产业发展策略

近年来，全球约有 8 家公司进入了太空争夺战。目前来看，SpaceX 公司的星链计划似乎逐渐开始领先对手，它已在近地轨道部署了包含约 1 000 颗卫星的卫星群，这也是目前世界上最大的卫星群。亚马逊航空的 Kuiper 和 OneWeb 在全球依然有较强的竞争力。未来几年将是太空通信网络竞争最激烈、最关键的时期。

4.1 加强合作

对于卫星互联网而言，重要的不是其建设问题，而是其应用和市场的问题。因此，人们应该采取的策略是，以需求和应用为导向，提倡航天 + 新应用，以此为基础，循序渐进，由局部突破带动全局发展，避免重复建设和资源浪费。

在国际合作方面，3GPP 和 ITU 等机构应合作推进低轨道卫星通信国际标准的制定。当前卫星移动通信的最大问题是技术标准太多且不能互联互通，没有形成像地面移动通信的规模经济效应，不同卫星运营商间互联互通及漫游困难。因此，需要尽快形成基于 5G 的统一的低轨道卫星通信技术标准，降低成本，惠及消费者和行业应用。

4.2 自主发展

在国内合作方面，重点推动商业航天产业与移动通信产业、集成电路产业的跨界合作，共同推进卫星制造技术、火箭发射技术、移动通信技术、集成电路技术的协同进步，通过产业合作来打造一个融合的新产业，并实现商业模式的创新。

卫星互联网在一定程度上代表了基础网络连接能力。目前，无论是国外还是国内卫星互联网计划，都是基于 Q/V/Ka 等频段开发业务和运营的。未来商业卫星带宽资源需求仍会继续增长，低频段的资源也会日趋紧张，未来低轨星座将拥有更大的带宽，单个关口站可管理更多的用户波束。

卫星频率和轨道资源是全球共享的，按照国际电信联盟的规定，两颗低轨道卫星之间要相差 50km 的高度。而且只要一个星座群中有一颗在轨卫星，就相当于拥有了整个频率和轨道的优先使用权。所以已率先建成的巨型卫星星座系统，具有较大的资源优势，而其他星座就必须与之协调避免频率干扰。目前，我国已获得了一些的卫星频率和轨道资源。随着用频需求的增长，我国迟早要向太空通信领域扩展，所以需要提前部署和申请频谱资源，为我国发展卫星通信提供资源保障。同时，随着卫星数量的极速增加，频率和轨道日益拥挤，如何有效地管理卫星频率，实现频率使用效率的最大化，关系到卫星通信的产业竞争力，也是卫星管理面临的关键性挑战。

随处可达的卫星互联网为全球每个人迹罕至的角落提供网络信号。在

造福用户的同时，积累低轨宽带天基互联网组网经验，在 6G 技术标准正式确立后，我国的卫星通信公司就可以利用自身丰富的卫星互联网组网经验以及占据的高价值卫星轨道抢占先机。

此外，卫星互联网的跨境覆盖和全球通信特性，可以让卫星直接将数据信息传输到境外网关站，由此形成了复杂网络通信环境，在通信便利的同时也会给信息安全带来隐患。针对卫星互联网环境广域开放、链路间歇连通和资源不均且受限等特点，需重点研究具有扩展和演进能力的卫星互联网网络安全保障体系，研究适应网络威胁时空变化和多样化任务需要的网络安全保障模型和交互控制机制，以及安全策略的动态响应、主动适变、无缝迁移和抗毁容错机制等，为卫星互联网的安全可靠运行提供体系化安全保障。

4.3　聚焦核心业务

早期的铱星和全球星主要提供语音通信服务，伴有少量数据服务，在服务成本远高于地面移动通信运营商的情况下，只能占领移动运营商覆盖范围之外的市场，用户数量与预期相差甚远。而在经历破产重组后，它们纷纷将业务转向了数据服务，如船舶自动识别系统（Automatic Identification System，AIS）、广播式自动相关监视（Automatic Dependent Surveillance-Broadcast，ADS-B）、导航增强、物联网等的数据传输服务已经成为低轨通信星座转型发展的主要业务。以物联网数据服务为主业的 Orbcomm 公司能够运营至今也表明低轨通信卫星星座低速数据物联网业务仍有广阔的市场。

当下互联网接入需求发生了很大的变化，抢占互联网接入入口已经成为互联网内容和服务提供商的首选。地面光纤网络覆盖大幅增加，互联网网关部署需求激增，面对远程数据传输需求，商业低轨道卫星通信的发展正迎来巨大的发展机遇，但仍需聚焦数据服务，如天基互联网接入（远程互联网交换和家庭互联网连接）和物联网等。

4.4　降低成本

卫星互联网建设必须统筹天地资源、提升系统效能与盈利能力。要打造具备国际竞争力的卫星互联网系统，必须深入研究卫星互联网的商业运作模式，优化系统建设方案，制定符合实际的卫星互联网系统发展模式。

任何卫星通信系统要实现成功的商业运营都必须考虑成本问题。价格是保持竞争优势的关键。面对地面光纤网络和移动通信运营商等竞争对手，低轨道卫星星座必须从各个方面降低费用，而且 O3b、OneWeb、SpaceX 等公司的低轨星座瞄准的目标市场都是光纤网络覆盖不足的人群，而非是让有钱人在度假时可以随时上网查看邮件，这就意味着卫星通信必须严格控制成本，降低费用。同时，公司还需要考虑政治风险带来的相关成本。

从发射成本来说，将 1kg 物体送到低轨道的成本仅为将 1kg 物体送到同步轨道的成本的 1/10 ~ 1/5，而且相比同步轨道卫星，低轨道卫星所需的功率和天线尺寸都要小很多，因而低轨道卫星在发射成本上将很有优势。目前已经出现了一些针对小卫星的发射方案，未来随着小卫星发射需求的增多，预计发射成本还将继续降低。

在制造成本方面，为了进一步降低小卫星的制造成本，目前一些卫星制造商已经在研究小卫星批量生产，包括引入三维打印和建设组装生产线等，这使小卫星的单颗制造成本远远低于常规大卫星。低轨道卫星通信星座取得商业成功还需积极开发专门用于小卫星发射和测控的系统，严控成本，进一步提升市场竞争力。

总之，卫星互联网产业链环节众多，发展卫星互联网产业需要从全盘考虑，在卫星制造、卫星组网、卫星发射和卫星运营服务等方面建立上下游产业链的合作伙伴关系，打造良好的产业生态，不断突破产业链核心环节，掌握关键技术的自主知识产权。

人类探索未知世界的脚步从未停息，活动空间已达九天之上，九地之下；触角已抵达遥远的火星，深海探测也已进入万米时代。人类正在经历从"人与人""人与信息"的连接，未来将进一步实现"人与物""物与物"的全面连接，走向智能互联网时代。在构建万物智联的同时，第七次信息革命悄然而至，人们将迈入一个前所未有的网络世界。

[1] 刘锋. 互联网进化论 [M]. 北京：清华大学出版社，2012.

[2] 李宏彦，安卫娜. 通信卫星及其军事应用发展综述 [J]. 科技广场，2015，28(1)：126-129.

[3] 陈文胜，徐平，王丽君，等. Ka 频段宽带卫星应用浅析 [J]. 国际太空，2014，(3)，49-53.

[4] 黄立明，刁彦华，连保谦等. 网络接入方法的特点及未来发展趋势 [J]. 科技与应用，2003，3(2)：49-50.

[5] 沈永言. 卫星通信与卫星互联网 [J]. 通信世界，2001，8(8)：37-40.

[6] 应振华，尹清卿. 移动互联网时代中的卫星应用 [J]. 卫星应用，2015，6(5)：61-63.

[7] 王子剑，杜欣军，尹家伟等. 低轨道卫星互联网发展与展望 [J]. 电子技术应用，2020，46(7)：49-52.

[8] 王龙军. 浅论互联网"最后一公里"接入技术 [J]. 地方政府管理，2001，10(12)：46-47.

[9] 沈永言. 5G 时代卫星通信的发展态势 [J]. 国际太空，2020，3(1)：49-52.

[10] 李强，顾芳，韩志军. 卫星互联网产业现状综述 [J]. 通信技术，2020，53(8)：2059-2063.

[11] 石玉龙，秦迎 . 卫星互联网 +5G 融合测试及应用前景展望 [J]. 数字通信世界，2020，16(8)：43-46.

[12] 李辉 . 从 ITU 规则角度分析一网公司频谱权竞拍 [J]. 国际太空，2020，43(6)：23-24.

[13] 谢珊珊，李博，纪凡策 . 一网公司建设、运营及破产情况简析 [J]. 国际太空，2020，43(6)：18-22.

[14] 李博 ."星链"星座近期动向分析 [J]. 国际太空，2019，42(12)：4-7.

[15] 吴超，谢伟 ."星链"计划未来发展分析 [J]. 国际太空，2020，43(6)：13-17.

[16] 马忠成，李心蕊，章罗娜，等 ."星链""一网"星座研发运行架构分析 [J]. 国际太空，2020，43(10)：24-28.

[17] 章罗娜，李心蕊，赵书阁，高利春 ."星链"星座建设成本及运营分析 [J]. 国际太空，2020，43(11)：23-27.

[18] 纪凡策 ."柯伊柏"星座介绍及与其他星座对比分析 [J]. 国际太空，2020，43(12)：27-31.

[19] 李辉 . 宽带通信卫星频率资源的新战场 [J]. 卫星应用，2016，7(9)：48-54.

[20] Rachel Jewett. SpaceX Launches Public "Better Than Nothing Beta" for Starlink With $99/Month Service[J]. Satellite Today, 2020-10-28.

[21] Rachel Jewett. SpaceX Touts 100 Mbit/s Starlink Test Speeds, Confirms Inter-Satellite Links[J]. Satellite Today, 2020-09-04.

[22] 刘帅军，徐帆江，刘立祥，等 . Starlink 星座覆盖与时延分析 [J]. 卫星与网络，2020，21(7)：50-52.

[23] Caleb Henry. Boeing Open to Partnerships on LEO Broadband Constellation[J]. Satellite Today, 2016-09-20.

[24] Annamarie Nyirady. Telesat's LEO System Tested for Government Applications[J]. Satellite Today, 2019-10-31.

[25] 李国利，刘良恒 . 我国将发射"鸿雁"全球卫星通信星座首星 [N/OL]. 新华网，2018-07-12.

[26] 人民日报社 . 完美收官！长征火箭完成今年第 37 次发射，成功率 100%[N/OL]. 人民日报，2018-12-30.

[27] 谢瑞强 . "鸿雁"首发星发射成功，星座由数百颗低轨通信卫星组成 [N/OL]. 澎湃，2018-12-29.

[28] 陈琳，付毅飞 . 我国计划 2020 年建成"鸿雁星座" [N/OL]. 科技日报，2016-11-03.

[29] 陈琳，付毅飞 . 我国计划 2020 年建成"鸿雁星座" [N/OL]. 人民网，2016-11-03.

[30] 胡喆 . 鸿雁星座让全球永不失联丨首星计划今年发射 [N/OL]. 中国航天科技集团官方微信，2018-02-23.

[31] 付毅飞，刘艳 . "鸿雁星座"宽带系统计划 2025 年建成，未来手机上网信号无死角 [N/OL]. 科技日报，2018-09-19.

[32] 邱晨辉 . 中国航天行云工程启动卫星组建计划发射 80 颗小卫星 [N/OL]. 央广网，2018-03-16.

[33] 冯国栋 . "行云工程"首批两星完成初样研制明年有望上天组网 [N/OL]. 中国政府网，2018-12-28.

[34] 孙自法，李潇帆 . 虹云工程首星成功发射未来能让你随时随地上网 [N/OL]. 中国新闻网，2018-12-22.

[35] 杜利，史俊松 . 行云工程在八大重点行业的典型应用 [J]. 卫星应用，2020,3(11)，66-72.

[36] 李莹，戴阳利 . 面向商业市场需求的国外低轨通信卫星星座快速研制生产浅析 [J]. 卫星应用，2018，9(9)：49-55.

[37] 沈永言 . 5G 广播和移动边缘计算时代卫星通信的挑战与机遇 [J]. 卫星应用，2020，11(2)：38-42.

[38] 夏云飞，等 . 从低轨互联网星座浅谈卫星通信新应用 [J]. 卫星应用，2020，11(8)：49-51.

[39] 刘健，等 . "宽带卫星通信指挥调度应用系统"在新疆油田的建设及应用 [J]. 卫星应用，2019，10(5)：44-47.

[40] 刘颖，等 . 基于卫星通信的在线教育浅析 [J]. 卫星应用，2020，10(5)：38-43.

[41] 刘颖，等 . 一带一路基于卫星通信的在线教育系统与示范应用 [J]. 卫星应用，2020，11(9)：48-52.

[42] 夏云飞，等 . 从低轨互联网星座浅谈卫星通信新应用 [J]. 卫星应用，2020，11(8)：49-51.

[43] 朱小刚,李琛,陈锐 . 海事卫星第五代卫星系统特点及发展前景分析 [J]. 卫星应用，2016，7(7)：59-62.

[44] 陈山枝. 关于低轨道卫星通信的分析及我国的发展建议 [J]. 电信科学，2020，36(6)：1-13.

[45] 周兵，刘红军. 国外新兴商业低轨道卫星通信星座发展述评 [J]. 电讯技术，2018，58(9)：1108-1114.

[46] 王子剑，杜欣军，尹家伟，等. 低轨道卫星互联网发展与展望 [J]. 电子技术应用，2020,46(7)：49-52.

[47] 尚志. 全球低轨空间互联网发展与展望 [J]. 太空探索，2019，8(6)：14-17.

[48] 刘悦，廖春发. 国外新兴卫星互联网星座的发展 [J]. 科技导报，2016，34(7)：139-148.